别让运气输给情绪

喻凡 / 编著

海豚出版社
DOLPHIN BOOKS
CIPG 中国国际出版集团

图书在版编目（CIP）数据

别让运气输给情绪 / 喻凡编著. -- 北京 : 海豚出
版社, 2020.09
　ISBN 978-7-5110-4981-0

　Ⅰ.①别… Ⅱ.①喻… Ⅲ.①情绪－自我控制－通俗
读物 Ⅳ.①B842.6-49

中国版本图书馆CIP数据核字(2019)第250305号

别让运气输给情绪

喻凡　编著

出 版 人	王　磊
责任编辑	张　镛
特约编辑	崔云彩
封面设计	安　宁
责任印制	于浩杰　蔡　丽
出　　版	海豚出版社
地　　址	北京市西城区百万庄大街24号
邮　　编	100037
电　　话	010-68325006（销售）010-68996147（总编室）
印　　刷	北京金特印刷有限责任公司
经　　销	新华书店及网络书店
开　　本	680mm×960mm　1/16
印　　张	15.5
字　　数	160千字
印　　数	8000
版　　次	2020年9月第1版　2020年9月第1次印刷
标准书号	ISBN 978-7-5110-4981-0
定　　价	49.80元

序

情绪，伴随着我们生命的每一天。在人生这条单行道上，能力低下并不是人生最大的敌人，情绪才可能是，它可能是你走向成功的推手，也可能是把你带入厄运的帮凶。

如果一个人情绪失控，整日沉溺于愤怒、消沉、沮丧等负面情绪中，坏运气一定会如影随形伴其左右，更谈不上前进与成功了。

美国作家约翰·斯坦贝克说过："一个失落的灵魂能很快杀死你，远比细菌快得多。"可见，情绪不稳定会给人们带来很大的负面影响。事实上，情绪往往决定着一个人的身心健康、爱情婚姻与人际关系等方方面面。

"脾气来了，运气就走了。"情绪不稳定的人注定"不幸运"：过多的愤怒会让人敬而远之，过度的消沉会让机会白白浪费，太多的埋怨会让你无法正视自己……同事不愿意与你合作，上司不会提拔这样的下属，客户也会对你敬而远之……

情绪如同流行性感冒，快乐的情绪能够在无形中感染他人，鼓舞人心；悲伤的情绪容易造成范围或大或小的"低气压"，从而影响他人的心情，甚至集体的氛围。睿智的人懂得管理情绪，他们遇事多思考、知分寸，懂得轻重缓急，分得清利弊得失，又有底线、讲策略，所以他们不会因为身居高位、春风得意而忘形嚣张，也不会因为一时的失意和愤懑而裹足不前、郁郁寡欢，更不会为别人的失误和挑衅而冲动，失去理性。

人们常说："发脾气是本能，控制脾气才是本事。"可见管理控制情绪就是掌控自己的重要方法和途径。一个能够管住自己脾气的人，一定是一个自律的人，而自律的人，往往拥有高度和格局。反之，遇事易冲动，心情受到不良干扰就不管不顾地发泄出来，怎么可能冷静下来去分析和决策，又怎么可能用正确的思路去指导自己的行动呢？

"一屋不扫，何以扫天下？"同样，连自己的情绪都控制不好，何谈去掌控全局？人一旦沦为情绪的奴隶，只会慢慢毁掉自己的世界。

因此，我们要学会做情绪的主人，控制好自己心灵的罗盘，把握住前进的方向，谱写属于自己人生的美好篇章！

目 录

CONTENTS

第一章 不良情绪，好运克星
——负面情绪让你陷入厄运旋涡

好情绪锦上添花，坏情绪雪上加霜　　　　　2

冲动：情绪列车失控的导火索　　　　　　　6

抱怨：用消极吃掉好运的恶魔　　　　　　　8

嫉妒：好运气的最大敌人　　　　　　　　　11

焦虑：心理健康的一大杀手　　　　　　　　14

抑郁：遮盖心灵的阴霾　　　　　　　　　　19

紧张：让人身心劳损的催化剂　　　　　　　21

悲观：最不正确的生活方式　　　　　　　　24

多为快乐找理由，不为消极寻借口　　　　　27

第二章　**克制愤怒，把控情绪**
　　——别在争吵中输掉人生

怒气如同"活火山"，烧掉的是
你的整个人生　　　　　　　　　34

不当"情绪污染源"，不做负面情绪
的传递者　　　　　　　　　　　36

情绪不好，好运何来　　　　　　38

摆脱争吵和纠纷，做到不怒不争　40

做个懂得控制情绪的人　　　　　42

多一点理智，让心灵平静下来　　45

搞清楚真相之前，别着急做决定　47

深呼吸，给暴怒的心灵洗个澡　　49

转移一下自己的情绪，消消你的怒气　52

平和的心情，给你不一样的世界　55

第三章　**远离浮躁，身安心安**
　　——人淡如菊清香自来

情绪化是幸福的真正杀手　　　　60

世界太浮躁，需要静下心来　　　63

别让无谓的执着扼杀了自己　　　67

从正面发挥情绪的六大作用　　　71

给不满情绪找一个出口　　　77

发牌的是上帝，我们要做的就是玩好它　　　80

良性压力可贵，过度焦虑堪忧　　　82

找个朋友，倾诉心中的不快　　　85

学会友好地释放情绪　　　88

把你的负面情绪写在纸上　　　91

情绪坏时，不妨到有阳光的地方走走　　　96

第四章 ┃ **眼界要宽，境界要大**
　　　　——格局决定结局

心中有"局"，人生有戏　　　102

提升实力和自我气场　　　107

用热情为自己的人脉鼓劲　　　110

要勇敢地承担起责任　　　112

会抬头，也要学会适时地低头　　　115

学会掌控自己的脾气　　　117

少一分虚荣就少一分嫉妒　　　119

从苦难中获取人生财富   121

改变精神状态，利用正向力量   125

第五章 | **心胸开阔，处世泰然**
　　　　——做人不必太较真

出门前请扔下你的"放大镜"   130

学会宽容，扭转坏运气   133

小是小非面前一笑而过   137

面对过错，用宽恕取代发怒   140

超越恩怨，学会以德报怨   143

打造不计较、不抬杠的人生   146

不要太过在乎别人的指责   150

世上本无事，庸人自扰之   153

求同存异，让别人说点"不"又怎样   155

面对他人的恶意，保持沉默或者以退为进   159

第六章 | **人生境遇，情绪左右**
——好心态成就好人生

"自信人生二百年，会当水击三千里"　164

别让你的人生在犹豫中沉默　168

耐得住寂寞，才能守得住繁华　170

从欲望中突围，在诱惑中自律　174

暂停一下，给生活来点节奏感　177

人生低潮不是运气差，是生活
给你放的假　180

应付糟糕的日子，拿出信心去
拥抱希望　183

放下过去，你才能奔向明天　186

敢于冒险，在意外中收获惊喜　188

路要自己走，没人能扶你一辈子　191

你又何尝不是别人眼中的风景　194

在急功近利的年代里，请不要躁动　197

第七章　**乐观处世，能量满溢**
——别让坏心态阻挡你前行的路

心无旁骛，一心向前看　　　　　　　　　202

不要抱怨"不公平"　　　　　　　　　　205

云来雨来，其心如镜　　　　　　　　　　208

对于梦想，不要轻易满足　　　　　　　　211

可悲的不是怀才不遇，而是眼高手低　　　214

诱惑再多，也要平和面对生活中的一切　　219

把你的内心世界调整好，你的外在世界
就会平和　　　　　　　　　　　　　　221

水到绝处是风景，人到绝处是重生　　　　225

如果不得不穿行于荆棘中，那我们就
披荆斩棘　　　　　　　　　　　　　　229

黑暗之中，你只需静候黎明的曙光　　　　233

第一章

不良情绪，好运克星
——负面情绪让你陷入厄运旋涡

　　不良情绪会对我们的工作和生活产生很多不利影响，更可怕的是它们带来的连锁反应。它们不仅常将事情的发展带入歧途，还会损害我们的身体和心理的健康，导致我们心灵扭曲，使我们陷入厄运的旋涡。所以，当问题来临时，我们要积极应对，主动调节自己的情绪，找出问题的关键所在，让势态向良性方向发展。

好情绪锦上添花，坏情绪雪上加霜

积极的情绪像太阳的光芒普照大地，它会带给人体适度刺激，使人心跳加快、呼吸急促、血压升高，也能反射性地引起大脑皮质兴奋，从而令人充分发挥出其体内的潜能。

2008 年，北京奥运会田径场上最闪耀的明星，要数牙买加名将龙塞恩·博尔特了。在男子 200 米比赛中，博尔特以 19 秒 30 的成绩打破了迈克尔·约翰逊创造的世界纪录。2009 年，在柏林世锦赛男子 200 米比赛中，他以 19 秒 19 的成绩打破自己创造的世界纪录，成为历史上唯一的奥运会、世锦赛双冠王。他也是继 1984 年美国名将卡尔·刘易斯之后，24 年来首位在奥运会上包揽男子 100 米、200 米金牌的选手。

博尔特能取得如此辉煌的成绩，与他绝佳的情绪和良好的心态是分不开的。

北京时间 2008 年 8 月 16 日，在国家体育场上，即将进行男子百米"飞人大战"。赛前，身穿黄色队服、背着黑色背包的博尔特在 8 位选手中尤显轻松。走出休息室的时候，他一边不停地鼓掌，一边还跳着嘻哈舞步，看上去并没有把这场比赛当作残酷的竞争，而是当成一场任他娱乐的游戏。当现场主持人介绍到博尔特时，他用手指着自己的脸，露出了自信的微笑，还摆了一个射箭的姿势，显示出良好的心理状态。

比赛之初，位于第四跑道的博尔特在众多选手中居倒数第二。但他不急不躁，凭其良好的心态，到35米时已经拥有了领先的优势。距离终点越来越近的时候，他的步伐慢慢放松，张开双臂，面带自信的微笑冲过了终点线。他还不忘拍拍自己强壮的胸膛，似乎在向全世界昭示他的时代已经来临。

胸有成竹地上阵，步履稳健地超越，轻松自在地冲线，一切的行动都已证明：博尔特的好战绩除了来自他的实力，也来自他的好情绪、好状态！

都说有准备的人才能把握机会，但我觉得，有准备只是具备了把握机会的先决条件，要把握好机会，要有一番作为，关键在于个人的状态。现实生活中充满了各种机会，每一个机会都可以说是一种挑战。如果我们有健康、自信、乐观的心态，面对挑战时，无论个人还是团队都具备良好的竞技状态，那么终能到达成功的巅峰。

这些发自内心的、向上的、无形的，同时又决定着个人命运的东西，我们把它们统称为"积极情绪"。如果把肌体比作人体的硬件，血脉比作人体的软件，那么那些看不见、摸不着却又真实存在于人体内部的情绪则是人的"气"，朝气蓬勃，信心十足，精神抖擞，斗志昂扬，才能保持神清气爽、健康舒畅。

好情绪能够传递活力与斗志，铺开竞技的最佳状态。带上好情绪迎接挑战吧，它将令你勇往直前，走向成功！

好情绪能锦上添花，坏情绪则会雪上加霜。坏情绪不但会使事情向不好的方向发展，还会危害到我们的身心健康。

1965年9月7日，世界台球冠军争夺赛在纽约举行。当时，路易斯·福克斯的成绩遥遥领先于对手，胜利已经在向他招手，只要再得几分，桂冠就非他莫属。但令人意想不到的是，这位所向披靡的台球高手竟然会被一只小小的苍蝇击败。

就在他准备一鼓作气赢得比赛时，一只苍蝇落到了主球上。开始路易斯并没有理会它，只是挥了挥手将它赶走。可当他俯身准备击球时，这只可恶的苍蝇又落到了主球上，他还是没有在意，又挥了挥手赶跑了它。这只苍蝇好像很喜欢这颗主球，盘旋了一小圈又落回这只球上。事不过三，这下路易斯被惹恼了，这时台下传来了观众的笑声，他便明显有了恶劣的情绪。在那只苍蝇第四次落在主球上时，路易斯终于失去了冷静和理智，愤怒地抡起球杆试图去打苍蝇，却碰到了主球。裁判判他击球，他因此丢失了一次取胜的机会。这个结果使路易斯情绪波动更大，却令竞争对手约翰·迪瑞信心倍增。路易斯开始连连失利、节节败退，最终在愤怒和烦躁情绪的控制下失去了冠军的宝座。

这样的悲惨结局令人始料未及，人们在扼腕长叹之余，更多的是对这个悲剧的反思。事实上，路易斯具备拿世界冠军的能力，可他的坏情绪影响了他能力的发挥，而且当他的情绪波动很大时，他不但没意识到危险，冷静客观地进行处理和调节，反而肆意放任负面情绪发展，最终错失冠军的宝座。

生活中，导致我们产生负面情绪的现象随时随处可见。所以在不知不觉中，坏情绪就以迅雷不及掩耳之势产生了。产生这些坏情绪后，很多人常常会控制不住自己，导致情绪恶化，从而使事情向着坏的方向发展。这些现象哪怕是重复出现，他们的坏情绪也不会有所改观，甚至会越来越糟。这就说明情绪的主人在掌控情绪方面能力较差。

无论是对个人还是对团体，坏情绪都不利于其健康和发展。它能影响个人的精神面貌并诱发机体的疾病，破坏人与人之间的关系，甚至伤害他人。坏情绪还会相互感染，破坏集体的团结，分散集体的凝聚力，让团队笼罩在坏情绪的阴影下，最终导致团队失败甚至解散。

生活中，我们总是能看到有人发脾气，我们自己可能也经常按捺不住心中的怒火，结果事情不但得不到解决，反而变得更加不可收拾。但是我们冷静地想一想，不管是谁，如果在发现事情开始变糟或出现不良倾向的苗头时，能冷静下来，理智分析问题产生的原因，积极寻求解决之道，那么即使我们的努力没有改变大的方向，也会使事情不至于发展到那么严重的程度。可是我们通常太急躁了，反而错失扭转局面的最好时机。

所以我们要意识到，培养掌控和管理情绪的能力，就能增强解决问题的能力，这样能在一定程度上掌控事物发展的方向。我们，要做情绪的主人。

冲动：情绪列车失控的导火索

心理学专家指出，冲动是一种心头怒火没有压住的暴力行为，是不理智地表达强烈愿望的一种形式，是情绪列车失控的导火索。

如果一个人的行为符合下述选项中的至少三项，那么他很可能属于冲动型人格：

（1）有不考虑后果的行为倾向；

（2）有不受控制的爆发行为，极易伤害自己和他人；

（3）容易和他人发生冲突、争吵，不受控制或不适当地发怒，尤其是受到批评或行为受阻时；

（4）情绪变化无常，特别是经常出现发怒和暴力行为；

（5）生活中缺乏目的性，不能事先计划或不能预见将要发生的事，做事缺乏毅力；

（6）人际关系不稳定，通常没有几个固定、持久的朋友。

足球世界杯比赛上，一些球员，甚至是知名的优秀球员也常常会因为冲动与裁判或对方球员发生冲突而导致吃黄牌，甚至遭到禁赛或终身禁赛的裁决。

愤怒如同吸毒，吸上一次，就会吸第二次，接下来就会连续不断，越吸越难以控制自己，最终让自己无法自拔，变得疯魔。人们常说的"冲动是魔鬼",说的就是冲动的破坏力之大,给自己和家庭、他人和社会造成的负面影响远超人们的想象。

比如一对夫妻因事争吵,双方都抑制不住怒火,丈夫发现无论如何都说服不了对方之后,情绪无处发泄,竟然将家里辛苦攒下的4万块钱从22层楼上扔出窗外,钱撒得遍地都是。看到路过的行人纷纷捡自家的钱,丈夫立刻清醒过来,狂奔下楼,可等他跑到楼下,钱已经被捡光了。无奈之下,夫妻俩只好报警,却于事无补。

在一个小镇上有两个好朋友,他们叫宋刚和张雷。张雷钟情于镇上一个美丽的女孩李岚,眼见她家的门槛快被媒人踏破 ——虽然她的亲事因为她父母眼界高,一直没定下来 ——怎奈自身条件平平,无钱无势,只能暗自神伤,不敢张扬。

宋刚好不容易让他袒露了心思,就热心自荐帮他说媒,说不管怎样都要试试,不留遗憾。

宋刚把李岚的父母请到一个高档饭店,说明来意,使出浑身解数夸赞张雷的人品,眼见李岚父母似乎被他说动,他正高兴,李岚妈妈却不相信张雷十全十美,就问张雷有没有缺点。宋刚深知世上没有绝对完美的人,一旦他回答张雷没有缺点,那么之前自己说的话在李岚父母的眼中就全变成了谎言。他忙说:"当然有,当然有,人怎么可能没有缺点呢,小小的瑕疵还是有的。"

接着,宋刚迅速将张雷的缺点在心里过了一遍,张雷大问题没有,小毛病倒是不少。他斟酌一番后,开口说:"张雷这个人呀,有时候性子比较急,遇到事的时候有点冲动……"宋刚话还没说完,忽闻耳后呼呼作响，他一转头，一只皮鞋正中面颊。原来张雷走到包间门口，正开心事情进展顺利，却听见好友宋刚这么说自己。他破口大骂："哥们儿，你心眼坏了，枉我这么多年把你当好朋友，你竟然在背后嚼舌根。我怎么就性子急了？我怎么就遇事爱冲动了？"

可想而知，一件好事就这样泡汤了，多年的好朋友之间也产生了隔阂。

冲动，是一个戴着天使面具的魔鬼，诱惑我们的身心，牵引着我们的魂魄，很多时候，被冲动诱惑与牵引似乎是无法避免、难以控制的事情。但是我们深想一下就会发现，冲动是软弱无能的表现，就是因为人们没有能力，找不到解决问题的办法，面对突如其来的变故不知道该怎么办好，才只能通过发脾气来显示自己的不满。

其实，我们经过学习，明白冲动可能导致的严重后果，还是可以将情绪的发泄限制在自己可控的范围内的，这样就不会因为一时冲动，做出后悔终生的事了。

抱怨：用消极吃掉好运的恶魔

随着网络的日益发达，人们找到了更多的发泄渠道，各大论坛的各种吐槽帖层出不穷。几乎有大半的人抱怨对工作的不满，他们不想加班，却想要加班费，想要福利等。人们走在路上，神情麻木，面带倦色，却又埋首对着手机中的网络世界吐槽抱怨。殊不知，这种怨天尤人的行为，不仅不能缓解心里的不悦，还会加重对工作的不满和厌烦，直接影响工作效率。工作效率低下，能使公司领导看出一个人身上的诸多问题：能力低下、无法自律、不负责任……

　　有一个年轻人，大学专业是金融。在学校时，他沉迷网游，达到废寝忘食的地步，常常因此逃课，也极少参加社会活动。他精神萎靡，情绪消沉，常常挂科，满身负能量使同学和室友都与他保持距离。他从不分析自己身上的问题，只觉得同学们排挤他、欺负他。他常常在校园论坛发帖，谴责所谓的"人间冷暖"，肆意披露和夸大室友的坏习惯。他的帖子被大家疯狂点击传播，造成了很恶劣的影响。室友得知真相后，纷纷要求调换宿舍，从此他更加形单影只。四年下来，他学无所成，没有知心朋友，也不懂社交礼仪和正确的处世方法。

　　大学毕业后，他通过父亲的关系进入一家小公司上班。同事们本来就因为他"走后门"而看不起他，再加上他身无长处，做事没有分寸，更是对他敬而远之。他因为能力有限、自律性差，经常受到老板的批评。他苦闷不堪，越发消极，内心充满愁苦和抑郁，觉得自己生不逢时，被人看低，每天都处于情绪的"低气压"中，甚至变得神经质。渐渐地，他变得孤立无援。工作已经无法继续，他只好主动辞职，回到家后又把不满的情绪带到家里，每天与父母矛盾不断。他突然发现，自己已经不知道如何自处了。

真正有能力、有修养的人，不会时时刻刻抱怨命运的不公、时运的不济，遇到麻烦也会先认真地审视自己：是否因为自身能力不足？是否因为处世方法不对？他们会深刻剖析自己，耐心真诚地听取好友和家人的意见，并正视自己，努力学习，培养自立自律的能力，提升自我。所以，他们也往往能够创造好运，把握机遇，一步步迈向成功。

小玉的大学专业是外贸英语，她毕业后便在一家小公司做服装外贸跟单，整个办公室只有她一个人。她每天的工作就是催促合作厂家和自己公司的师傅及时交出样品。来了订单，她要仔细整理出核心内容。因为这家公司员工有限，她不得不身兼数职，有时还要帮忙搬运。公司在办公室的旁边给她安排了一间不到十平方米的小宿舍，宿舍里没有一件像样的家具，只有一个简易的、可折叠的衣橱。从此，加班成了理所当然的事，每天晚上 10 点她才能回到那间简陋的宿舍，累得直接睡着。

没有朋友，没有同事，住处简陋，饭食简单，无法想象，一个天生丽质、正值青春年华的女孩，如何度过这样孤单寂寞的日子！别人经常问她，是怎样的勇气让她这样坚持下来。她说："我从没觉得哪里不好，公司给我安排吃住，食堂的阿姨每次都会偷偷地给我的饭菜加量；在这里我不仅学到了很多知识，也收获了很多温暖和幸福，我觉得我很幸运。"最后，她的积极乐观为她赢得了升职加薪的好机会，她很快成为公司的骨干，得到领导的赏识和认同，从此她的晋升之路愈加顺畅。

由此可见，只有学会用积极的心态去面对挫折和暂时的困难，用乐观的眼光去看待这个世界，不抱怨，才会拥有更多的机会来提升自己，改变自己。人生在世，世事无常，总有不如意、不称心的时候，一味地抱怨不仅不能收获别人的同情，还会暴露我们的懦弱无能，让别人更加轻视我们。

抱怨是藏于人内心深处的魔鬼，它会唆使欲望捆绑住人们的灵魂，然后在心中乱窜，扰乱人的心智，祸患无穷。如果不及时消除抱怨，怨恨会不断扩大，从而影响人的判断力，使问题复杂化。抱怨不会带来任何有建设性的东西，只会破坏人际关系。所以，遇到问题时我们能做的就是努力保持一种积极的处世态度，先反思自己的能力和存在的问题。

拒绝抱怨，好运气自会到来。

嫉妒：好运气的最大敌人

看见别人拥有一辆比自己好的汽车，就希望人家出门撞到树上；看见别人手里拿着一款比自己好的手机，就希望他的手机马上丢失；发现别人学习比自己好，工作能力比自己强，晋升得快，就说人家有关系、走后门……这些表现就是嫉妒心理在作怪。

嫉妒心强的人，会时刻因为自己不如别人而痛苦万分。事实上，嫉妒是一种卑劣低下的情绪，它可以腐蚀人的心灵，玷污人的精神世界，甚至扼杀人的进取心，严重影响人的身心健康。

大体来说，嫉妒是人与人之间相比较发现落差进而产生不甘与不平的一种心理状态。

有对比就有好坏优劣，如果对方强过自己，人们可能产生几种反应：一是崇拜，将对方当作自己的偶像和目标，积极进取，希望能追上或超越对方；二是羡慕，即心中认可甚至高估对方，但于自己没有什么影响；三是嫉妒，看到对方的好，心里却不承认，有不满对方和轻视自己的意味，甚至会因为嫉妒而做出损人利己甚至害人害己的事情。

从根本上看，"优越感和自尊"被破坏才是嫉妒情绪产生的根本原因。因为自己的优势被超越、重要性被忽视、中心感被转移，并认识到自己不如别人，就会产生集自卑、难过、焦虑、恐惧等多种复杂情绪于一体的嫉妒心理，这时人就容易争强好胜，不自觉地给自己的人生道路设置障碍。

有位嫉妒心极强的女士，看到平时人品和工作能力都比自己强出许多的同事获得了单位组织的出国学习的资格，不禁嫉妒心起，便多次给同事的丈夫写匿名信，诽谤同事在外乱搞男女关系，致使同事夫妻二人关系一度极为紧张，甚至闹到离婚的地步。后来，她听说单位领导在会议上提出要让那位同事担任某部门经理时，又迫不及待地给公司领导层写诬告信。当事情水落石出之后，这位嫉妒者被单位做了辞退处理。

古往今来，嫉妒这种心理一直游荡在各色人的心中。无德行的人嫉妒有德行的人，才疏学浅的人嫉妒有才能的人，庸才嫉妒人才，小才嫉妒大才。

可以说，嫉妒心理无时不有、无处不在。其实，看到别人在某些方面强于自己，心中不平衡、不舒服，是一种正常的表现，那是因为自己也有向上的欲望，希望自己变得优秀，并获得他人的认可和肯定；但如果是性格比较极端的人，他的这种心理就可能超出合理的范围，从而心生嫉妒，若是再遇到一些不顺利的事情，那就不仅仅是嫉妒了，恐怕要变成仇恨。于是，有些人用尽手段去摧毁自己心生羡慕却得不到的人和物，结果往往是打击了别人，自己也为此付出高昂的代价。

嫉妒心强的人，在他的潜意识中，其实并没有真正认清自己的长处，只看到、考虑到一点或表象，以偏概全，执拗于此，无法容忍之后，他能想到的最直接的解决办法就是攻击他人，破坏一切与对方相关的事，以为只要对方消失、退却，自己就能胜出。事实上，他的好或者不好，都是客观存在，别人的看法和习惯都是主观因素，很多时候，他所做的一切并不会让局面有所改变。一个人如果拥有这种不健康的心理，不仅会影响别人，也会降低自己的幸福感，长此以往，还会深深地危害自己的身心健康。所以当你意识到自己有这样的心理或心理倾向时，一定要警惕和克制，并尽早拔除！

克制嫉妒不是反对嫉妒的存在，而是要正确地认识嫉妒产生的根源和可能造成的巨大危害。之后，正确地评价自己和他人的优点与缺点，树立正确的竞争意识，集中精力学习，丰富自己的内心，提升自己的技能和素养。或者换个说法——"先斟满自己的杯子"，先让自己的心充盈起来，自然就不会太过在乎自身以外的客观东西，减少嫉妒的诱因，也就能在很大程度上避免嫉妒心的长期存在。

著名的华尔街投资大师佰纳德·巴鲁克说："不要嫉妒，最好的办法是假定别人能做的事情自己也能做，甚至做得更好。"

不要嫉妒，不要在自己纯洁的心灵上投下阴影，在自己的奋斗道路上挖下陷阱，使自己陷入泥淖，失去本该属于自己的好运气。

焦虑：心理健康的一大杀手

焦虑心理是一种比较典型的危害人身心健康的心理疾病。比较轻微的焦虑心理还算不上疾病，因为从某种角度讲，一个人有适当的焦虑心理并不完全是坏事。适当的焦虑，能够让人对生活保持一定的忧患意识，可以激发人的积极性，唤醒人的勇气，对促进个人和社会的发展都有好处。但如果时间过长，事件增多，范围扩大，焦虑就会成为影响身心健康的潜在杀手。所以，改变焦虑心理是很有必要的。

大多数人都有过这样的体验：相恋中的情人，一段时间内收不到对方的信息，就开始做多种假设，胡思乱想，并因此情绪低落，精神萎靡；即将结业的学生，面对升学考试或求职面试，心里没底，害怕失败，因而显得焦躁不安，怎么也踏实不下来；从未出过远门的孩子考到外地上学、生活，母亲会担心他是否能适应，会不会照顾自己，开始是念叨，不久就变得坐立不安，甚至失眠；长时间在家的全职妈妈，看着爱人每天早出晚归，经常从爱人那里拿生活费用，或者看着其他女性每天精神抖擞地去上班，对比自身的忙碌却没有成就，甚至无法得到认可，心里就会感到惊惶茫然，不知所措……

这都是我们常见的一种情绪状态——焦虑。

大学生焦虑找工作；白领焦虑工作节奏太紧张，房贷压力大；农民焦虑种植成本高、利润少；在外务工的人员焦虑生存压力太大，不能在外地安家……《中国青年报》社会调查中心的一项调查显示，34%的国人经常存在焦虑情绪，62.9%的人偶尔焦虑，只有0.8%的人表示从来没有过焦虑；相比五年前，有47.8%的人"更焦虑了"。焦虑，已经成了当代中国一个普遍而且愈加严重的社会问题。

短时的焦虑，时过境迁，不留痕迹；持续的焦虑，可能内化为性格。如果一个人久陷焦虑的情绪而不能自拔，内心便常常会被不安、惧怕、烦恼等情绪所累，行为上就会出现退避、消沉、冷漠等情况，而且由于愿望受阻，努力收不到回报，常常会懊悔，自我谴责，久而久之，就会产生心理疾病，这便是焦虑症，或称"焦虑性神经症"。

在现代生活中，社会矛盾、人际冲突、失业威胁、疾病困扰，以及人类生活中不能避免的无数疑虑、气恼和担忧，都会导致焦虑的产生。

很多人随着社会的变迁，日益感受到工作紧张和节奏加快，再加上自身性格脆弱，能力有短板，理想又比较高远，导致对未来恐慌，于是性格急躁，常有忧虑，却不能有效排解，吃睡不香。

有人说，中国已经陷入了一个"焦虑"的时代。多数人生活的常态已变成"有压力觉得累，没压力觉得可怕"。现代人因为对美好生活的向往，和对成功看法的趋利性——认为"时时争得上游"才是到达幸福彼岸的唯一途径，不得不辛苦奔波，有时候辛苦和努力收效缓慢，也就产生了更多的压力。

加之当代社会残酷竞争无时无处不在，人们工作透支、情感透支，出现了学业与就业、工作与家庭、物质与精神收获等诸多矛盾，以致对即将发生的事情缺乏正确的判断，根本找不到解决问题的方法；或者把握不住社会发展规律和方向，完全不知道将来会发生什么事情；有时候对自己要求过高，又因为达不到要求而盲目自责。人们每天疲于奔命，却依然会陷入顾此失彼的境地。

一位家庭主妇，总觉得自己得了"病"，为此苦恼不已。有一次，她去商场购物，突然头晕冒汗，心跳剧烈，喘不过气来，竟有一种即将死去的恐惧感觉。路人将送她送到医院，经检查，除心率稍快外，心电图等均显示正常。吃了几片药，几小时后恢复正常。不料一个月后，这种症状又一次发作。她很害怕，不知什么时候那种"濒死感"又会降临。她还经常表现出其他的症状：经常心跳加快，心慌，胸闷；心神不定，坐立不安，一有较大的声音和刺激，便吓得全身发抖、肌肉抽搐；往往因芝麻大的小事而发脾气，自己又无法控制。她四处求医，检查结果均显示一切正常，这使她有苦难言，有时甚至绝望到想自杀，但又舍不得丈夫和孩子。这种痛苦，折磨了她十多年，后来不得不求诊于精神科。医生结合她十几年的生活情感经历，诊断出她得了焦虑性神经症，进行了一段时间的治疗，情况才开始慢慢好转。

心理学家比喻焦虑就像不停往下滴的水，那种不停延续的焦虑感通常会使人心神丧失，顿觉人生灰暗。忧心忡忡、焦虑不安、烦躁好动、唠唠叨叨等都是焦虑的外在表现。一些焦虑无法排遣的人，总是担心生活中出现不吉之兆，对未来充满恐惧感；在日常生活中，他们经常为一些小事闹得鸡犬不宁。因为他们对生活中的一些小事总是表现出非正常的紧张和焦虑，就会打乱其他人的生活节奏，进而导致种种家庭问题或人际关系问题。

丹麦有个民间故事，说的是一个铁匠，家里非常贫困。他经常担心："如果我病倒了不能工作怎么办？""如果我挣的钱不够花了怎么办？"这一连串的忧虑像沉重的包袱压得他喘不过气来，寝食难安，身体越来越虚弱。有一天铁匠上街买东西，突然昏倒在路旁，恰好有个医生路过。医生在询问了情况后十分同情他，就送给他一条金项链并对他说："不到万不得已，千万别卖掉它。"铁匠拿着这条金项链高兴地回家了。从此之后，他经常想着这条项链，而且经常很有底气地自言自语道："如果实在没钱了，我就卖掉这条项链。"这样他白天踏实工作，晚上安心睡觉，逐渐恢复了健康。

后来他的小儿子也长大成人，家里变得宽裕许多。有一天他把那条金项链拿到首饰店里估价，老板告诉他这条项链是铜的，只值几元。铁匠这才恍然大悟："医生给我的不是一条项链，而是治病的良方！"

从这则民间故事里，我们可以悟出这样一个道理：不用预支明天的烦恼，只需做好今天的功课，就是应对未来的最好法宝。当我们把心头的沉重包袱放下时，原来焦虑的那些令人不安的后果往往也就不会发生了。

人们总希望生活一帆风顺，现实却是天有不测风云，人有旦夕祸福。人生本来就充满各种可能和选择，所以应对意外的最好方法不是去设想各种意外和变故，然后去想怎么办，而是过好当下，积累财富，培养能力，磨炼意志，在艰难困苦来临时，不会因为财产匮乏而惊惶，也不会因为没有心理准备而茫然，更不会因为一时的困局而自怨自艾，失去对未来的信心。接受当下的处境，冷静思考，沉着面对，周全考虑，才能找到出路。

多数情况下，人们将焦虑的原因归为事情太多、太杂，无论谁来处理这些问题都不可能无所谓。其实，这就是"有所谓情结"的错误认知，也就是越怕着火，火烧得越旺。所以根据这一特点，我们可以找到从根本上消除焦虑的办法，即培养、树立"无所谓"的心态。

"无所谓"并不是放任不管，而是"战略上藐视，战术上重视"。只要能树立"无所谓"的心态，勇敢面对可能出现的最坏结果，怀着积极的心态对自己说"不管怎样，这没有太大的关系"，你的焦虑情绪就会降低，这样在遇到具体的问题时，就不会因为太过紧张茫然而手足无措、顾此失彼了。

抑郁：遮盖心灵的阴霾

人一生中，总会遇到孤单而抑郁的时刻，品尝到因为体验孤单而被关进抑郁囚牢的滋味。抑郁症患者往往都有不为人知的痛苦心灵体验。

他可能总是觉得，生活就像永无止境的漫漫黑夜，而他独自爬行在没有尽头的隧道里，永远也看不到光明和希望。他感到自己仿佛被关了禁闭，一些重物层层叠叠地压在自己身上；又好像是被锁在箱子里，箱子上又被压上沉重的石块。作为一个孤独的个体，他有一种穿越黑色抑郁的渴望。可是过了很长时间，他还是没有走出抑郁状态，他的生活仿佛时刻面临着比死亡更为可怕的恐惧。这让他感到恐惧又无助，但很少有人能理解他。他想过死亡，觉得那里才是宁静的归宿，因为每一点身体的不适都会被他无限放大，每一件小事都能给他带来无限的烦恼。生对他来说只剩下忧愁和抱怨，已经没有丝毫快乐可言。因为不被朋友理解，他在自己与他人之间设置了一个屏障，建造了一个独立的绝望世界；因为不能正常地睡眠，他就希望能通过长眠来摆脱这个抑郁的囚牢。他能超越对死亡的畏惧，却跨不过抑郁状态下的恐惧，生活已陷入了更糟糕的状态：

对自己已完全没有信心，无论做什么事都犹豫再三，抑郁让心灵迷失了方向……

有的时候，抑郁会让心理活动产生微妙的逆转，让人瞬间丢掉原本美好的心情，取而代之的是糟糕的情绪。

邢军是一家公司的部门经理，经过一天的劳累工作，他十分疲倦。想到回到家的放松和舒适，邢军有些期待。可就在邢军即将到家的时候，他突然想起一件令他不快的事情：上周他的妻子忘记去收拾在户外晾晒的衣物。于是他就担心妻子今天依然忘记，甚至抱怨妻子没有做好分内事，再对比自己的劳苦，马上就觉得不公平。接下来他想的全是近来妻子表现得不尽如人意的地方，结果越想越烦。到家时，之前的期盼心情已经荡然无存，取而代之的是满腹的抱怨和不满。

邢军本来沉浸在轻松愉悦的心情里，如果他能沿着这个思路想下去，去想一些夫妻间美好的往事片段，那么在进门前后，相信他会因情绪平和快乐而感到欣慰；如果他能抱着感恩的心态去想他的妻子为他所做的一切，那么他一定会被层层幸福感包围，更加乐观地面对生活。可是，他首先想到的是一件让他感到不悦的事情，糟糕的是，他没有意识到这个错误方向，任由悲观的想法继续下去，终于破坏掉了最开始的好心情。

研究表明，抑郁是一种很常见的心理障碍，具有显著而持久的心境低落的临床特征，又被称为"心理感冒"。轻者会自动转好，重者甚至会放弃生命。

抑郁是一种可怕的心理疾病，我们必须加以重视，积极预防。抑郁产生的原因有很多，现代人很多都有抑郁的倾向，触发的原因或者说导火索大多是压力大、事业不顺、感情受挫等。我们要远离抑郁，要想办法扫清自己内心深处的阴霾，找到属于自己的真实本性，然后据此认清自己，接纳、肯定自己。另外，对生活、工作和情感树立切合实际的短期目标和长远目标，努力上进，提高自己的抗打击能力和适应能力，同时要注意人际关系，发现和自己情投意合的好友，保持联络。人生中总有一些不如意的事，面对挫折和失败，我们要坚信一切终将成为过去。

紧张：让人身心劳损的催化剂

人类的智慧既能在不自由中寻找自由，也能在自由中设置不自由。对有的人来说，心里的不良情绪就像一座监狱，各种情绪都成了层层铁窗，被关在里面的人天天为之郁闷、愤恨。这些不良情绪，如果没有得到及时释放，会让人始终无法解脱，甚至会导致严重的后果。

很多人都有过紧张的经历，如面对即将到来的高考、面试，上台表演节目，夜间独自走在荒凉的小路上等。紧张，常常是因为面对的事情对你特别重要，或者你断定某件坏事即将发生，或者你相信自己处境危险、孤立无援……这些紧张往往都出现在事情还没有发生前，是你对未知的一种期待、担忧或恐惧。

如果紧张的情绪只是在特定情况下才出现，并且在短时间内就能调整好，那么对你来说非但没有什么大碍，有时候甚至还会成为促进你积极表现的动力；如果你长期被这种负面情绪所控制，正常的生活和作息被扰乱，那么你就要进行自我探索，找出这种不良情绪的根源，用理性的想法代替不理性的想法，从而使情绪好转。

李云是个性格内向的孩子，高三上学期，几次模拟考试，成绩都挺不错。然而，到了期中考试时，面对平时能做出来的题目，李云却怎么也找不到解题思路了。她觉得脑子里一片空白，全身肌肉发紧。从那以后，一遇到考试，她就感到莫名的紧张，还常常会在考试前夜失眠。失眠又加重了她的紧张情绪，她的成绩一落千丈。

李云知道自己不能这样下去，她前思后想，想要找到自己现状的症结，所有迹象最后都指向了那次期中考试，她终于想起那次考试的"情绪原点"。原来那次考试前一天晚上李云睡眠不好，精神状态不佳，导致她在考前就担心因为失眠，头脑不清醒，会影响她的考试成绩，不知道如果考不好会怎样。这些消极意识让李云越想越紧张，越想越恐慌，结果面对考题她脑子里一片空白，导致后来的恶性循环。

李云找到症结所在，老师也很快地对她进行了意识调整，经过一段时间的专门训练，她养成了向消极自我意识中的不合理成分进行自我置辩，指出这些消极自我意识的不现实性和不必要性的习惯，她的情绪渐渐变得稳定，终于摆脱了考试焦虑紧张的困扰。

紧张是在一定应对情境的激发下，受个体认知评价能力、人格倾向及其他身心因素制约，以担忧为基本特征，以防御和逃避为行为方式，通过不同程度的情绪性反应表现出来的一种心理状态。有时候，不良想法就像"老鼠"一样钻到人的头脑里兴风作浪，搞得人心神不宁。我们要想情绪稳定，就要驱除不正确的想法，代之以正确的理性想法，这样情绪就能渐渐平静下来。

在李云的案例中，李云是非常在乎考试成绩的，甚至把其中的一次成绩看得过于重要，以至于因为失眠导致头脑不清醒之后，她就开始担心这次考试成绩，并在不断的担忧中强化着这种负面情绪。考试成绩"如她所想"之后，她对这种紧张更加深了印象，最后导致恶性循环。好在她意识到了问题所在，并积极调整，稳定情绪，耐心等待，终于从紧张的旋涡中抽身而出。

奥地利小说家斯蒂芬·茨威格在《象棋的故事》里写道：一个关在监狱里的人，整日紧张兮兮又无事可做，在偶然接触到一本棋谱后，他觉得日子过得飞快。靠着那本棋谱，囚犯轻松愉快地把他的牢狱之灾化解掉了。他把"恐怖"的监狱当成自己棋艺发展的重要契机，痴迷于对棋艺的研究，并通过这种方法为自己减了刑。

现实生活中，很多人都会紧张，这些紧张情绪就像牢笼。但是一般来讲，只有少数人会将自己视为真正的囚徒囚禁在心灵的监狱里，不肯自我救赎。每个人心中都有自己的"棋谱"，我们应该积极努力地去寻找、去发现，学会为自己"减刑"，释放紧张情绪，走出牢笼，从而踏上充满阳光的人生旅途。

悲观：最不正确的生活方式

人的心理活动一直在变化，时而兴奋，时而平静，时而开心，时而沮丧。情绪的波动每个人都有，不同的是对待情绪的态度，乐观的人善于排解不良情绪，悲观的人则常常放大消极情绪。

一些心理测验可以测试一个人的悲观程度。

来到期盼已久的度假胜地，住到了预定好的旅馆，这时推开窗户向外望去，试想，你最希望看到窗外是怎样的景色呢？

A.旅馆的游泳池和人群。

B.窗外有个宽阔的阳台，且有着五颜六色的花草。

C.海边，以及在那里玩的人们。

D.远方的一座岛。

选择 A：轻微悲观型。你所看到的都是旅馆内的情景，与你相距很近，说明你对未来的态度是消极的，觉得将来是遥远、不可操控的，存在少许的悲观因素。

选择 B：严重悲观型。看到的都是眼前的事物，说明你几乎没有乐观的想法了，非常悲观！

选择 C：乐观型。能看到旅馆外的东西，说明你对未来还是抱有期望的，这种对未来的态度是比较乐观的。

选择 D：超乐观型。可以看到那么远的东西，表示你对未来抱有很大的希望，认为自己将来前程似锦，无忧无虑。一般来说，这是超乐观型的心理。

一名叫圆圆的年轻女孩，心里总是萦绕着一些悲观情绪，经常觉得生活没有目标。最近这种情绪越来越强烈，让她做什么事情都提不起兴趣，周围的环境又让她觉得很无聊、很孤独。她想改变，却害怕自己能力不够，因此她很消极，变得越来越自卑，不爱说话，越来越孤僻。她是个爱思考的人，曾用很长时间来思考人为什么要活着，但她没找到令自己满意的答案。她很迷惘，很快就要大学毕业了，还不知道以后的路到底该怎么走。

圆圆有个不幸的童年，是在同学和邻居的指指点点下长大的。因此，她从小就心理自卑，很封闭，所以她从来不想交朋友，也交不到朋友。别人看她外表冷漠，便不喜欢和她交流。现在她长大了，出众的外表使她有了不少追求者，也给她带来了很多自信。圆圆爱上了一个男孩，后来成为他的女朋友，可她内心深处总是悲观地认为他们早晚会分开，不会有结果。她患得患失，在恋爱中常常因为一点小事就坐立不安，闹脾气。她的男友开始还忍着，但也会因此经常和她争吵，圆圆虽然也能认识到自己的过分，可仍然改变不了悲观的心态，一次次用不正确的方式确认男友对她的感情。

其实圆圆的这些行为就是悲观情绪常见的外在表现，也是一种无益的心理状态。

心理学认为，悲观是人在问题出现后进行自我检查和总结，对自己言行不满而产生的一种不安心理，是一种心理上的自我指责、自我的不安全感和恐惧的几种心理活动的混合物。它由精神引起，会影响到组织器官，甚至会导致一些心理及生理疾病，如焦虑、神经衰弱、气喘等。所以，如果悲观并不严重，在一定意义上它可以促进人的自我鞭策和进步，但是大多时候，悲观的负面影响更大一些。

我们要明了，人生处处是选择，每当我们面对困难时，人生就出现岔路口，你可以选择迎难而上，也可以选择在艰难困苦中沉迷。乐观向上的人总会选择积极面对困难，将困难作为攀登高峰的垫脚石；悲观消极的人却往往看不到前途的光明，不敢面对困难，人生也就失去了一个成长的阶梯。

生活没有一帆风顺，如同大海航行，会有风平浪静，会遇到狂风暴雨，也会触碰暗礁或陷入湍急的水流。你是选择自沉海底，还是奋力扬帆起航，寻找可以栖身的海岛，驶向成功的彼岸呢？

很多时候，人们之所以悲观，是因为胆怯和懦弱，不敢面对生活中的磨难和痛苦，更不想面对在磨难和痛苦中无能为力的自己，于是选择了一条懒惰的途径，即先预想任何理想和努力的无效，然后放任自己无为，将一切不堪的局面归咎于客观环境的不可改变。

可是，勇敢，不是不害怕，而是虽然害怕却依然去面对。

我们只有善于调整自己的心态，不论遇到什么样的情况，都能用积极的态度去看待周围的一切事物，才会发现希望，才会懂得生活中各种烦恼和痛苦对于我们人生的意义，才会拥有美好的人生。

多为快乐找理由，不为消极寻借口

病毒、细菌会传播疾病早已众所周知，然而新近心理学研究发现，恶劣情绪与病毒和细菌一样具有传染性，而心血管病、癌症等疾病，无不与不良情绪有关。

在日常生活中，许多人在受到批评之后，不是冷静地从自身寻找被批评的原因，而是抑制不住内心的不忿，必须马上找人发泄心中的怨气，把自己所受的不公和内心的抱怨传给下一位，好像自己只是个中介，这样做能让自己心理平衡，也能恢复到被批评前的状态一样。

有一位董事长，为了给员工树立良好的时间观念，许诺自己将早到晚归。然而有一天早上，报纸让他太投入了，等他发现时，时间已经快来不及了。为了赶时间，他超速驾驶，结果被警察拦下了，不仅延误了时间，还被开了罚单。来到公司后，这位董事长十分窝火，无处发泄，就将销售经理叫过去训斥了一顿。销售经理莫名被训，越想越恼火，就把秘书叫了过去，一顿挑剔。秘书憋了一肚子气，于是愤愤不平，故意找接线员的茬。接线员怀揣怒火无处发泄，回到家后就拿自己的儿子当出气筒。儿子无缘无故地挨了父亲一通教训，也憋了一肚子火，便狠狠地踢了自己家的猫一脚。这就是"踢猫效应"。

"踢猫效应"是指人所具有的糟糕心情或不满的情绪会沿着等级和强弱组成的社会关系链条依次传递，处在金字塔最顶端的人的不良情绪会一直沿着等级向下扩散到金字塔最底端的弱势者，而不能往下发泄的势力最小的那个人就成了最终的受害者，被比喻为"小猫"。"踢猫效应"告诉我们，坏情绪具有很强的传染性和感染力。

其实，情绪无论好坏，都会对与你接触的他人的情绪状态造成一定程度的影响。我们在不断受到他人情绪影响的同时，也不断地影响着他人的情绪，其传播速度和广泛性不亚于病毒，并且可以交叉传播。这种情绪互换的活动很是隐秘，很容易被人忽略，但是它的确存在，它还是人们互动反应的一部分，姑且算是一种隐形的人际关系活动吧。

人与人之间的每一次接触，都在不间断地传递情感的信息，通过对方对信息的感应，达到影响对方的效果。简单的一个"嗯"字，发出者的语气、语调、表情、举止等不同，将会给他人带来生气、同意、疑问、反对等多种不同的感受。如果你是个细心的人，就会发现情感的传染无时无刻不在发生。

比如，公司要进行一项重大改革，总是要开董事会进行决策讨论。讨论的结果可能是大家意见统一，气氛十分融洽；也有可能争个面红耳赤，不欢而散。那么究竟是什么在起作用呢？抛去个人利益不谈，左右这个结局的通常就是情绪，就是董事会成员们说话讨论时流露出来的不同心情和给他人造成的不同的心理感受及反应。再如，在日常工作中，员工的情绪也会相互影响，而且这种相互影响是工作效率的关键影响因素。

美国耶鲁大学管理学院教授西格尔·巴塞德进行了一项有趣的科学实验。该实验显示，如果把员工的工作状态比作一池湖水的话，那么情绪就是扔进水里的石头，它能在湖面激起层层涟漪。

巴塞德从商学院找来一些志愿者，把他们召集在一起，让他们担任经理角色，对奖金进行合理分配。分配有两个固定的目标：一是给自己的候选人争取尽可能多的奖金，二是齐心协力帮助分配委员会，以求为公司最合理地使用这笔奖金。

在众多"经理"中，有一位是巴塞德特意安插的实验助手，其他应试者都被蒙在鼓里。在每次开会时，这位助手总是第一个发言，提出自己对奖金分配的看法和观点。可是每次开会时，他的情绪又各不相同：有时他是热情洋溢的；有时是洒脱而又平静、认真的；有时是消极低沉、懒洋洋的；有时是生气、敌对、烦躁的。这位助手的用意很明显，就是用不同的情绪来影响小组里的其他人，而他自己就像一个播种家，在毫不知情的"受害者"中肆意传播他的"病毒"。

实验结果表明，情绪的确会像病毒一样传染给他人。当那位助手以愉快或热情洋溢的语调与大家一道讨论时，其他小组成员的反应也更热情积极；如果他动辄就发脾气，其他成员也更容易生气发火。不过，情绪低落消沉对其他成员似乎没有什么影响，这可能是因为情绪低落本身就是一种不引人注意的退缩表现，如眼光不与他人接触，那自然不会产生更强烈的反应。

人大脑中情感系统的调节不是仅在人体内部进行，还受外部因素的影响，如人际关系等。情感是一个开放性的循环系统，也就是说，人脑如此设计是让别人能帮助我们更好地调整情绪。人们之间的情绪会互相感染，看到别人表达情感就会引发自己产生相同的情绪，这种情绪的产生、传递与协调，无时无刻不在进行，人际关系互动的顺利与否，便取决于这种情绪的协调。

在企业经营管理中，许多企业已经开始重视心理对工作效率的影响，确信情绪也是一种生产力。管理者认为，一个人的情绪不只是自己的事，它会形成一个小气候，影响企业的效益。愉快的心情比不良情绪有更强的感染力，并且感染效果非常好。鼓励大家相互合作，处事公正，互相协助，客观测评，都能提高员工的工作效率，这样也就能促进整个小组乃至公司和企业的良性运转。

某建筑公司的项目经理发现制图员被草图中的一个简单问题搞得焦头烂额。此时项目的完工期限快到了，大家的压力都很大。这位项目经理向她的同事走去时，发现自己的拳头都攥紧了，她对那令人恼火的完工期限感到焦躁，也因那位制图员工作无进展而非常愤怒。

但她努力使自己放松，然后问那位制图员："怎么回事？哪儿不对劲儿？"制图员唠唠叨叨地诉说了他遇到的麻烦，抱怨自己掌握的有关信息太少，难以完成制图任务，还说时间太紧了。

项目经理对他表示了十分的同情，请他谈谈具体遇到了哪些问题。说话时，项目经理态度随和，她注视着制图员，带着鼓励的口吻。

同时，她告诉制图员，其实她本人也快被压垮了。

她通过一连串的问题对制图员循循善诱，让他意识到自己实际掌握的信息比想象的要多，而他是完全能够胜任制图任务的。这位制图员在她的鼓励下，开始赶着绘图。临别时，项目经理与制图员开玩笑说，有些情况大家都忽略了，比如说副总裁，其实就是他揽下了这桩棘手的生意，才让他们如此辛苦。他俩都笑了起来，然后，各自回到工作状态中。

那位项目经理究竟用了什么"魔法"，竟收到了如此立竿见影的效果？是她让自己置身其中。

尽管他们的谈话并没有什么特别之处，但这种接触交流反映了工作中心理与情感呈现的性质。项目经理没有对制图员进行指责和催促，在发现制图员完全有能力制图却因各种主客观原因对工作抱怨时，她也没有以上司的姿态进行批评，而是首先对他表示理解，并说自己也有同样的感受。两个人有了"共情"，站在同样的感情出发点，再沟通起来就顺畅多了。加上经理带着一起探索的态度与制图员交流，很快找到了问题所在，困难也就迎刃而解了。

我们可以发现，当人们用互相理解的心态，一起全身心地投入工作时，工作就会非常有成效，而且其他人很容易受到感染，进而一起积极地参与工作。

与此相反的是做事心不在焉。这种情况在那些工作时生搬硬套、无精打采或缺乏条理的人身上最常见。从某种意义上讲，他们很难有什么出色的表现。

美国一位心理学教授的研究证明，只要20分钟，一个人就可以受到他人低落情绪的传染。在社会交往中，个人情绪对其他人的情绪有着非常大的传染作用，如果你喜欢或者同情某个人，你就特别容易受到那个人情绪的影响。

所以，对于控制不住自己而在家庭、职场中经常发泄不良情绪，制造情绪污染的人来说，最重要的是让自己学会快乐，变消极情绪的污染源为积极情绪的传播者。

美国有一家心理咨询所，天天门庭若市，预约号常常排到了几个月后。咨询如此受欢迎，原因很简单，就是让每一位上门的咨询者经常操练一门"功课"：寻找微笑的理由。比如，在电梯门将要合拢时，有人按住按钮等你赶到；收到远方朋友寄来的信；有人称赞你的新衣服；雨夜回家时发现门外那盏坏了很久的路灯今天亮了；清洁工在离你几步远的地方停下清扫的动作，让你不必奔跑着躲避灰尘……诸如此类的生活细节，都可以作为微笑的理由，让人们觉得这是生活送给自己的礼物。那些按心理医生要求去做的人发现，几乎每天都能轻而易举地找到许多微笑的理由。慢慢地，夫妻间的感情裂痕开始弥合，与上司或同事的紧张关系趋向缓和，日子过得不如意的人也开始憧憬起明天的新起点。总之，他们付出的微笑，都收到了意想不到的回报。

多为快乐找理由，不为消极寻借口，这才是正确的生活之道。

第二章

克制愤怒，把控情绪
——别在争吵中输掉人生

日常生活中经常有吵架发生，吵架是一种情绪宣泄，但很伤感情。无论是夫妻、同事，还是朋友之间，如果吵架过了某一个尺度，就会使两个人的感情恶化。所以，在生活中，掌控自己的情绪很重要。我们每个人都应该做情绪的主人，而不是情绪的奴隶。

怒气如同"活火山"，
烧掉的是你的整个人生

在生活中有些人总爱发火，遇到不顺心的事，就大发雷霆，摔摔打打，表面上看起来很"强"，其实在别人心中已经"矮了三分"。怒气就像一座"活火山"，随时都可能爆发，并且害人害己。当你感到心里的"活火山"将要爆发时，要及时将其压制下去，或者在不伤害自己和别人的前提下释放出来，不然可能造成无法弥补的后果。

一个菜摊前有位顾客在跟摊主讨价还价，顾客嫌菜价太高，摊主却不愿降价，两人说着说着就争论起来。摊主见这是一个难缠的顾客，便想着给他便宜一点，赶紧把他打发走。可当顾客选好了菜付钱时，摊主正在和别的顾客说话，无意间还是按原价收了菜钱。顾客见摊主说话不算话，少找给自己一块钱，就一肚子不满，向摊主抱怨了几句。摊主心里也有些烦，便说："愿买就买，不买就算了。"

顾客被激怒，大声对菜主说："我今天就是不买了，看你怎么样？"说着还把已经买好的菜往地上一扔，转身就准备走。摊主见此，也愤怒了，几步冲上来拉住顾客，要让顾客把扔到地上的菜捡起来。顾客正在气头上，为了自己的面子，恶狠狠地说："我就是不捡，你看着办！"摊主便抬脚踩了顾客一脚。顾客更加恼怒，拿起菜摊上的秤砣向摊主砸了过去，正中摊主的头部。摊主当场晕倒，被送入医院。顾客在摊主住院期间，一直忙前忙后，不仅要伺候摊主，还要承担摊主的医药费。而这一切损失就是由一块钱引起的。

还有一个生气时懂得克制的故事，结局恰恰相反。

张武和李天是对门的邻居，这天不知道是谁家的鸡下了一个蛋，下在了两家路中间的草丛里。张武有事出门正巧看见了这枚蛋，以为是自家的，便顺手捡了起来。不巧，李天出来散步，正好看见了这一幕。李天上前说："我家的鸡下的蛋，你凭什么拿走？"张武听了非常不服气："凭什么说是你家的鸡下的？这或许是我家的鸡下的！"两人越说越气。李天见自己的嘴快不过张武，便抬手给了张武一巴掌，张武吃了亏，越发生气，便跑回家拿起剪子，想去戳李天几剪子。妻子看到了，连忙拉住张武说："你千万别做傻事，万一出了什么事，我和孩子可怎么办？"张武咽不下这口气，但在妻子的劝说下，还是决定暂时待在屋里，先不出门。

过了一会儿，妻子看着平静下来的张武，关心地问他还生不生气了，张武说不生气了，刚才静下来想了想妻子的话，要是真捅了李天，后果真的不堪设想，现在想想都后怕。

其实，在生活中很多伤人事件都是由生气引起的。因此，不管别人如何伤害自己，都不要生气，还要学会从自身找原因，不可不管不顾，一味地怪罪别人。要知道，任何让你生气的事情都存在主观与客观两方面的因素。正所谓"一个巴掌拍不响"，没有人会无缘无故地惹你生气，倘若你能克服自己的冲动性格，就会对很多事情淡然处之。

不当"情绪污染源"，
不做负面情绪的传递者

在生活中很多人在心情不好时，总是爱和别人吵架，跟陌生人吵，跟家人吵，跟朋友吵，最后连一个知心朋友都没了。所以，一定要克制情绪，绝对不能把气撒在别人身上。

一次，亚楠一大早就因为别人的错误而背黑锅，被领导训，还被扣了半个月的奖金，心里十分憋屈。碍于领导的威严，她敢怒不敢言，连解释的话也不敢多说，在同事异样的目光中熬过了上午。中午去吃饭时，亚楠的衣服被另一个部门的男同事林海不小心溅出来的菜汤弄脏了，于是她破口大骂，指责林海没有素质。众目睽睽之下，林海自知理亏，不好发作，但是也十分委屈，事后更加觉得自己丢了面子，于是决定下班后要好好"回敬"亚楠。不承想，部门来了紧急任务，需要加班，他只能苦着脸埋头工作。这时，母亲的电话打过来，催他回家吃饭，责备他又忘记吃饭。林海气急，对母亲没好气地说："你怎么就知道我忘了！我又不像你跟我爸，退休了成天在家闲得没事干，我还要工作！老板让我加班难道我能说不加就不加吗？真是的！老这样催催催，你们不会先吃吗？没事净给我添乱，我都忙成这样了还要跟你讲电话！我不回去了，你们自己吃吧！"说完就挂断了电话。

林海的母亲气得直哆嗦，没想到自己忙活半天做了一桌子菜，竟然受到了儿子的无情拒绝和责备。儿子的话如钢针般插在老太太心口："成天在家闲得没事干……净给我添乱……"她不想自己岁数大了成为儿子的负担，越想越难过，越想越委屈，不禁悲从中来，落下眼泪。

前面我们提到了"踢猫效应"，在这个案例里，林海的母亲很显然就成了那只"小猫"，成为他人情绪的受害者。

其实任何人都会有心情不好的时候，每当这时，一是要有点忍耐和克制精神，学会用积极的情绪转移不良情绪，做到不把不良情绪发泄到周围人身上，不能仗着自己的身份、地位肆意欺凌弱小和无关的人；二是不能把工作场合的坏情绪带回家，将心中的怨气发泄到与自己关系亲密的家人身上。

可见，一个控制不了情绪、不懂得尊重和保护周围亲友的人，不能算是一个成熟、有责任心的人。不要以为把情绪发泄到别人身上对自己有利无害，就像天下没有免费的午餐，世界上也没有不需买单的伤害，若一个人不注意调节自己的情绪，任由情绪污染发生和恶化，不仅会毁掉自己一时的好运，还会毁掉自己的前途，甚至家庭。

情绪不好，好运何来

很多时候，吵架没有确切的理由，可能只是一时的情绪躁动引起的。如果一个人情绪很冷静，即使遇到再苛刻的事情都不会和对方吵起来。相反，如果这个人情绪很暴躁，走到哪儿就会吵到哪儿。

在法国西南的某座小城市里，有一名脾气非常暴躁的警察叫阿兰·马尔蒂。晚上下班之后，马尔蒂身着便装准备到一家烟草店里买包香烟，碰巧遇到一个流浪汉向他讨烟抽。马尔蒂说自己也正要去买烟，无法满足他的要求，拒绝意味非常明显。但流浪汉误解了马尔蒂的意思，因此，他一直在店外等候。

当马尔蒂从烟草店出来时，流浪汉已经在店外喝了不少酒，看到马尔蒂，非缠着他给一根烟抽。马尔蒂讨厌极了这个满身酒气的家伙，再一次拒绝了他的要求。可是醉酒的流浪汉仍死命地缠着他，于是，两人发生了口角，继而开始相互谩骂和嘲讽，情绪越来越控制不住。

马尔蒂忍无可忍，掏出了随身携带的警官证和手铐，十分粗鲁地说："你要是再这样纠缠不清，我就给你点颜色看看。"

"你这个混蛋警察，有本事就来呀，我才不怕呢！"流浪汉反唇相讥。

两人言语一步步升级，终于扭打成一团。周围的人好不容易将他们分开。流浪汉骂骂咧咧地走进附近的一条小路，带着嘲讽的语气喊道："臭警察！我真以为你有多大本事呢，不过如此嘛！"马尔蒂完全被激怒了，他想都没想就拔出枪，结束了流浪汉的性命。

事后，马尔蒂受到法律的裁决，以"故意杀人罪"被判刑三十年。在这之前，马尔蒂正有一个升职加薪的好机会，流浪汉也本可以继续平淡地生活下去。流浪汉和马尔蒂都因为控制不住自己的情绪，结果一个付出了生命，另一个在监狱里蹉跎半生，这便是愤怒的代价。

开始发怒时，我们的理智和思维就会失去控制，使大脑处于一种非正常状态，这时候我们很容易做出一些与我们的真实想法相违背的选择，把我们引向万劫不复的深渊。

一个人处在盛怒的状态时，是他心理防线最脆弱的时候，但凡一点风吹草动都有可能击溃他。所以，越是这种时候，越需要冷静、理智，拒绝冲动，以免落入他人布下的陷阱。

我们还要懂得一点，当我们被激怒后，努力克制自己的愤怒不能从根本上解决问题，这个自我抑制的过程，会一直消耗我们的能量，让我们心烦意乱、精疲力竭。从这方面讲，解决问题最根本、最理想的情况就是不被激怒，时刻保持冷静和宽容。一个人当着你的面爆发的怒气不一定全是针对你的，换个角度去看待这件事，你心里就不会那么抵触，就会轻松很多，这样能更加理智地做出正确的反应，让事件朝着良性方向发展。

很多事实证明，大多数人在暴怒时会说出让自己很后悔的话，或做出很多无法弥补的举动。所以，控制坏情绪很重要，否则，我们的好运气就会被吓跑。

一项研究表明，愤怒情绪的时长如果不超过 12 秒，就会像急促的暴风雨一样，爆发时能摧毁一切；但是如果能够忍过这个时间，人的情绪就会趋于风平浪静。所以，在这关键的 12 秒里消除怒气非常重要。你可以深呼吸或默数 12 个数字，等过了这 12 秒，就会发现，你已经没有那么生气了。

摆脱争吵和纠纷，做到不怒不争

地铁上常有吵架事件发生，事件的起因大多是人多拥挤。地铁内空间有限，引发吵架的"导火线"比较多，或许一个无意的身体摩擦，一个不经意的眼神，都会让人们的情绪系统崩溃，气冲冲地找人"战斗"。他们常常由抱怨或言语不善的建议开启争吵模式，然后态势升级，以致言辞脏污，甚至大打出手，那么后续发展就不堪设想。好一点的情况是，其中一方下车，吵架偃旗息鼓；坏一点的情况是，双方打得不可开交，甚至朋友也加入"战局"，旁人劝解拉架无效，也可能将"战事"拉到地铁之外，有人挂彩进警局也未必能消停。

俗话说得好："忍得一时之气，免得百日之忧。"就是说如果能忍住一时的愤怒，慎重出声不出手，那么就能免去长久的忧愁苦恼。但在实际生活中，很多人都认为不争不怒会丢面子，是吃亏，是懦弱无能的表现，所以一旦与他人意见相左，触及自己的利益时，就会争得头破血流，甚至鱼死网破。由此可见，很多悲剧的发生，就是因为双方不懂得息事宁人的道理，有一点小纠纷就开始丧失理智，从而使人与人之间的摩擦升级，最终酿成悲剧。

但是随着年龄的增长，阅历一天天增加，在遭受现实生活的一次次打击之后，你终会明白：不怒不争是一种做人的境界，并非懦弱的表现。因为你已经懂得生命的意义，知道哪个重要，哪个没有那么重要。

老子的《道德经》云："夫唯不争，故天下莫能与之争。"又云："天之道，不争而善胜，不言而善应，不召而自来。"很多著名的商界成功人士都有这样的体悟。商场如战场，他们用实战的经验，带领千军万马冲锋陷阵，不去争抢那些华而不实的虚名，很好地诠释了"不争"的智慧，为中国古典哲学中所蕴含的经商之道做出了最好的诠释。

反观另一些人，他们追名逐利，每天不遗余力地钩心斗角，想尽办法唇枪舌剑，天天带着一副写满仇恨与不满的面容。

其实，我们本没有敌人，那些我们疾恶如仇的所谓的"敌人"很多都是我们自己臆想出来的。和现实斗，不满现状，总是期待着"天边的玫瑰园"；和自己的过去斗，纠结于过去的经历，总是痛苦、懊悔；为了更大的市场利益和同行斗，为了晋升的机会和同事斗，为和旁边的车子抢道而斗，为更大的房子而斗……我们总是认定弱肉强食的丛林法则，总是如此"好斗"。

很多人都懂得"退一步海阔天空"的道理，但是在内心深处却依然认为，当别人前来挑衅，自己不应战就会被挤压、被淘汰、被鄙视，这是很可怕的事情。可实际上，不争并不是唯唯诺诺做老好人，而是为了把精力放在更重要的事情上，在更高层次上取得胜利；是为了营造更加和谐的关系，争取双赢和多赢，说到底还是为了维护自己的切身利益。

做到不争容易吗？不，很难！正是因为难，不争带来的好结果才值得我们去追求。

做个懂得控制情绪的人

情绪是一种难以捉摸的东西，没有规律可循。它既可以像春雨一样滋润万物，也能像星星野火一样毁灭一山苍翠。懂得控制情绪的人是智慧的，而任由情绪肆意张扬的人终会沦为情绪的阶下囚。我们要控制好自己的情绪，这样才会让关乎己身的工作、事业、生活、人际关系等在正常的轨道中运行。

有一趟公交车运营多年，一直保持着没有乘客闹事或投诉的良好纪录，这与售票员王姐良好的服务态度有着密不可分的关系。有人询问王姐工作上究竟有什么窍门，她只是温和地说道："我哪里有什么工作上的窍门？应该只是我的脾气比较好罢了。"

有一次，她服务的公交车车门关闭时，将突然跑来的一名乘客的脚夹在了门缝里。王姐匆忙去开门。那名乘客非常气愤地喊道："有你这么开车的吗？人都没有上完就着急关门，我肯定会投诉你的！"

车里气氛骤变，大家都以为会看到两人火爆的争吵场面。王姐却好脾气地走到这位乘客身边道歉说："对于我们不小心给您造成的伤害，我表示很抱歉。"

那名乘客并不就此作罢，他不仅坐上了王姐的售票员专用座，还气势汹汹地让王姐到了下一站带他去医院做检查。面对这名乘客的不礼貌行为，王姐依旧温和地说道："我一定会陪您去医院检查的，可是，希望您能体谅我的工作，等我跑完这趟，好吗？"

一路上，王姐对乘客的伤势表示了充分的关心。等到了某一站点时，那名乘客终于气消，反而有些不好意思地说："实际上，我的脚没有问题，只是因一时气愤想要发泄一下。看到你这么好的服务态度，我都不好意思为难你了。很感谢你的服务。"

在这个案例中，王姐一直和那名乘客交涉，她是处于被动的，那名乘客是"有理"的，但是王姐凭借优良温和的服务态度，最终获得了那名乘客的谅解。我们看到，王姐在及时控制自己情绪的同时，还成功地压制住了车厢内的紧张氛围。否则，一场争吵在所难免，她还很可能会遭到乘客的投诉，甚至受到其他处罚。

实际上，及时调控自己的情绪也不是难以办到的事情。我们需要明了情绪失控可能造成的严重后果，让自己拥有自我调控的思想意识，不断提醒自己，时刻注意自己的言谈举止是否合适，并在事情发生时，主动调整自己的不良情绪。久而久之，我们就能变刻意为习惯，做到面对任何事都能掌控局面，调节事态走向。

这个世界上，最具破坏力的情绪就是愤怒。不少人会在情绪失控时做出让自己后悔不已的事情，可见，学会掌控自己的不良情绪有多么重要。发泄愤怒情绪，不仅会给别人留下不成熟或无理取闹的印象，还会让我们的人际关系变糟，让亲朋好友对自己避而远之。与此同时，因为情绪失控时我们对事情缺乏正确的判断，进而干扰事件的正确解决，最终导致不可修复的不良后果。

俗话说"不如意者十有八九"，学会如何正确地面对不如意才是关键。容易发怒失控的人，普遍不会有好的人际关系，因为没人喜欢自己的身边放着一枚"定时炸弹"，说不准哪天因为一些鸡毛蒜皮的小事就会被"引爆"，对双方造成伤害。因此，我们在学会操控自己的命运之前，应该先做自己情绪的主人。

多一点理智，让心灵平静下来

琳娜一大早就来到超市购物，工作繁忙的她要储备一周的食物。

但是周末，超市里人特别多，排成长龙的结账队伍让购物显得十分辛苦。琳娜挑选好家里所需的物品后，加入了结账的行列，经过漫长的等待，她离收银台越来越近。然而队伍却突然不动了！她不清楚前面到底出现了什么状况，只知道有人叫来了超市的管理人员，并开始检查收款机。照此情形，估计还要等上很长一段时间，队伍中出现了极大的骚动。

琳娜感到十分生气。周末的时间是多么宝贵呀，她居然还要在排队上浪费很长的时间，这令她感到烦躁。但她努力克制自己即将爆发的情绪，知道这只是一次意外，只有让自己慢慢平静下来耐心等待。她无奈地冲后面的人笑了笑，从旁边的架子上随手拿了一本杂志看了起来，时不时和后面的女士聊几句。

就这样过了几分钟，琳娜听到了一阵激烈的叫嚷声，一个女人怒吼："真是一群蠢货，怎么会发生这种情况！我还有很多事情要做，就要来不及了！"收银员和超市管理人员都在不停地道歉："对不起，我们已经在尽力抢修了……"没等他们说完，那个怒气冲冲的女人就丢下满满的购物车愤然离去。

超市为了让这边的顾客尽快结账，就在旁边专门开了一个收银台。为了表示歉意，管理人员给这支队伍中的顾客每人发了 5 美元的优惠券。琳娜格外高兴，因为在等待的十几分钟内，她不但得到了超市的优惠券，更可喜的是，她和后面的女士聊得非常投机，她们相约下个周末一起去喝下午茶，这真是意外的收获。离开超市的时候，琳娜的心情格外舒畅，她感觉自己今天的购物行动物超所值，那个愤然离去的人可能会后悔没有再多等两分钟。

通过这个案例，我们发现，愤怒的情绪就像一股无名烈火燃烧着人的整个身心，它不能帮你解决任何问题，只会让事情变得更糟。如果在无名烈火熊熊燃烧的时候，能够深吸一口气，克制一下，稍微平静下，然后转移注意力，寻找一种恰当的方式发泄出来——但一定不要针对当事人——那么事情很可能就会马上出现转机。否则，一旦任由愤怒的情绪发泄，言辞不当伤害对方后，事件会进一步恶化，变得更加难以解决。

愤怒就像一把双刃剑，它能使勇者向更强者挥刀，使怯者向更弱者拔剑；智者讲究斗争艺术，而愚者只会随意发泄，伤害无辜。人不可能避免愤怒，但可以化解愤怒，所以让我们学会做支配愤怒的人吧。

愤怒之时，我们可以用下面的方法抑制怒不可遏的情绪。

（1）自嘲是抑制愤怒情绪的有效方法。怒不可遏时，自嘲一下，不仅能使情绪得到缓解，还能改变周边紧张的气氛，增加生活乐趣。

（2）和不愉快的事物保持适当距离。当我们对某件事或某个人感到气愤，情绪将要失去控制时，应当转身离开，不在那个"是非之地"停留。比如夫妻吵架，两个人发生争吵时，一方可以先出去转转，等气消了再回家，这段时间可以让彼此冷静下来，以便两个人能比较客观地就事论事。

搞清楚真相之前，别着急做决定

我们的生活中，总会发生意想不到却容易使人产生误会的事情，如果不分青红皂白，妄自揣测，没等调查或他人申辩，就盲目给别人下结论，甚至大吼大叫，咄咄逼人，那么很可能会影响人际关系。

晶晶热情豪爽、聪明勤快，又多才多艺，只是脾气急躁，遇事容易口无遮拦，就这一个缺点，给她的生活造成了很多麻烦，让她很难和周围的人发展更深的情谊。

大学时代，晶晶跟室友素素因为性格相仿、兴趣相投而成为无话不谈的好朋友。晶晶因为自己以前的经历，觉得有人和自己投契非常难得，所以很依赖和信任素素。友情像一棵小树苗那样慢慢生长，但这份美好的友情却因为一件小事而彻底画上了句号。

七夕节这天，晶晶的男朋友送给她一个非常漂亮又价格不菲的音乐盒。她把这个宝贝放在宿舍，高兴地跟男朋友出去逛街了。第二天早上回来，晶晶想起那个音乐盒，却发现临走时放在床上的音乐盒不见了。她环视四周，看到音乐盒躺在素素的床上，她想一定是素素也很喜欢才拿过去看的。她拿起音乐盒，却发现音乐盒已经被摔坏了。她轻轻一提，音乐盒里的部分零件叮叮当当地掉落在地上。她感觉自己的脑袋"嗡"的一下，怒火冲上头顶，想立刻把素素揪出来大骂一顿。

正在这时，素素和其他室友吃完早饭回到了宿舍，一进门就看见晶晶抱着音乐盒的残骸一脸怒气地坐在素素的床上。她快步走过来想解释什么，晶晶却突然狠狠地将音乐盒的残骸砸向她脚下，对素素吼道："你妈没教过你别人的东西不能随便动是不是？我怎么得罪你了，你要把它摔坏？你知道这个音乐盒多少钱吗？他从国外给我买的，摔坏了你赔得起吗？我真没想到你是这种忘恩负义的人！从今天起，我晶晶不认识你素素！"她话音刚落，站在一旁的室友就冲上来说："晶晶你瞎说什么呢？音乐盒不是素素弄坏的啊！隔壁宿舍的灵灵昨晚过来找你，见你不在就拿起音乐盒玩，失手摔在了地上。当时素素都不在屋里，她回来后打着手电筒找了一个多小时才把所有碎片找回来，你这么不分青红皂白地说她，你才是忘恩负义！"

晶晶张大嘴巴愣在原地，看见素素满脸的泪水和悲伤的表情，想要呼唤却怎么也叫不出口。素素失望地看着她，转身走出宿舍，其他室友都跟着素素出去了，留下脑袋昏昏沉沉的晶晶站在原地不知所措。看着满地音乐盒的碎片，她知道自己犯了无法挽回的大错，比音乐盒更珍贵的宝贝就在她不分青红皂白的暴怒中碎掉了。

人在冲动的时候最容易用重话、狠话攻击对方，那钢刀般锋利的语言往往刺痛人心，伤害力巨大。为避免出口伤人，我们要尽量做到以下几点。

（1）语言暴力要不得。说话前想三秒钟，别心直口快，想到什么说什么，因为这种情况很容易说错话。成年人应该有最基本的加工、修饰语言的能力，那不是虚伪，而是懂得尊重他人的基本教养。

（2）怒不可遏时先闭嘴。在气头上的时候你根本不知道自己在说什么伤害人的话，那就干脆闭上嘴巴，暂时离开让你生气的地方，去逛街、散步或看电影，转移自己的注意力。当你慢慢平静下来后，再去冷静地解决问题。

（3）千万不要牵扯对方隐私。信任你的人才会同你分享他们心中深藏的秘密，你若是一气之下拿别人的隐私说事，等于亲手毁了他们对你的信任。更有甚者，你可能因为一时的心急口快而毁掉别人的人生。

深呼吸，给暴怒的心灵洗个澡

转眼间，小霞和丈夫小章已经结婚三年。情人节那天，小章像往常一样吃过晚饭后就坐在客厅里看电视剧，小霞在厨房一边洗碗，一边唠叨："今天，公司里好多女同事都收到了礼物，有人收到一大束玫瑰，有人收到特别精美的项链，还有人收到漂亮衣服。"

小霞越说越感慨，于是话里有话："唉！我怎么不像她们那样有福气呢?"尽管小章听到妻子的念叨后感到不耐烦,但他不想发火,于是沉默应对。以往小霞念叨完看小章没反应,就会停下来去做别的事,没想到这次小霞洗好碗后,竟然坐到小章的身边继续念叨。

小章几乎忍无可忍,险些把遥控器狠狠地扔在桌子上并差点脱口而出:"嫁给我你是不是感到后悔了?现在要是觉得有人比我更好,你趁早找他去!"但是心念一闪,他知道他如果说出这些话,两个人肯定会爆发争吵,更重要的是还会伤害他们的感情,让小霞失望。于是,小章深吸一口气,停了几秒,对妻子说:"亲爱的,是我不好,我现在就去网上买你最喜欢的鞋子。"妻子的唠叨一下子"刹车"了,两个人开始高兴地逛淘宝了。

我们即将发火时,先忍住,做一个深呼吸,再想一下要说什么、怎么说,这样话说出来,语气和气氛都会有所缓和。深呼吸是自我放松的一种重要方式,它不仅能够提供大量氧气,促进人体内的气体交换,还能够减缓心跳,降低血压,有效舒缓心情,转移注意力。总之,深呼吸可以让人镇静下来,进一步把控情绪。

所以当我们想发脾气的时候,可以通过深呼吸来缓解情绪,这是随时随地都可以进行的,可以根据自己的情况灵活运用。另外,我们也可以专门进行深呼吸的刻意练习,那么其中的技巧我们有必要掌握。

第一,穿上舒适宽松的运动服,找个舒服的姿势坐下或躺下,挺直背部,手臂垂直放下,由浅入深、缓慢而均匀地呼吸,这时候你会感觉到下腹渐渐有扩张之感,腹内的废气被从肋骨部位逼出。

第二，呼吸的过程按照上述步骤，多次循环，在结束的时候轻轻地收紧下腹，使腹内的废气全部排出。

第三，这个过程尽量缓慢，不要过于着急，按照一定的规律进行，让呼气与吸气的时间尽量保持一致，吸气、呼气的时候可以在心中慢数三个数，当呼吸量变大的时候，时间也要随之加长。

第四，将呼吸的速度减缓，保持吸气7秒，呼气8秒，1分钟内呼吸4次，连续几分钟后，紧张感就会消失。

另外，在深呼吸练习过程中，如果吸气时胸部扩张，停顿1秒，然后双唇紧闭，慢慢呼气，你会感到全身上下十分放松，心情也会变得愉快。

以下是几种能够有效缓解怒气的深呼吸法，我们可以学习运用。

第一，深呼吸法。首先用鼻孔慢慢地吸气，注意在吸气过程中，由于胸廓向上，横膈膜向下，所以腹部会慢慢鼓起。然后继续吸气，使空气进入肺的上部（这个过程大约需要5秒），最后屏住呼吸坚持同样的时间。

第二，静呼吸法。将右鼻孔用右手大拇指按住，用左鼻孔慢慢地呼吸，有意识地想象空气流向前额。当肺部被空气充满时，用右手的食指和中指按住左鼻孔，屏住呼吸10秒后再呼出。然后按住左鼻孔以相同的方式重新开始。每边各做5次。

第三，睡眠呼吸法。平躺在床上，双手在身体两侧平放，闭上双眼开始做深呼吸。慢慢抬起双臂举过头顶，必须做到双臂紧贴两耳，手指触碰床头（这一过程大约用时10秒），然后双臂同时慢慢放下。

如此反复 10 次。这个方法还有助于更快地入睡。

呼吸运动能够有效地改善呼吸功能，加快血液循环，释放心脏负担，是现代人缓解压力的一个有效方法。

人在情绪波动较大时有很明显的生理表现，如心率、呼吸加快，肌张力扩张等。学会放慢呼吸，有助于恢复正常心率，保持头脑冷静。在你的情绪即将爆发时，一定提醒自己冷静，首先，停止呼吸 5 秒（目的是重新调整你的呼吸），然后慢慢地吸气 3 秒，接着以更慢的速度呼气。持续做这个动作。记住，吸气—呼气有助于控制情绪，以便更冷静地解决问题。

转移一下自己的情绪，消消你的怒气

在生活中如果和人发生争执，我们不妨转移一下自己的情绪，这样可以消解怒气。

有一个老太太是带小孩的高手，无论什么样的"熊孩子"，在她手里都会服服帖帖。有人向她请教带小孩的秘诀，老太太就讲了这样一个故事。

古时候，人们利用耐力、速度都很好的骡子来运送货物，骡子的优点虽然很明显，但它的脾气差也是有名的。一头骡子如果使性子，它的四只蹄子就会像钉子一样固定在地面上，无论主人怎样鞭打都不肯挪动半步。

有经验的主人，在骡子发脾气的时候，不会用鞭子去打——因为那样只会让骡子的脾气变得更加倔强，而是迅速在地上抓一把泥土塞进骡子的嘴里。

难道骡子喜欢泥土的味道吗？当然不是！这个时候，骡子只会将嘴里的泥土快速地吐出来，然后在主人的鞭打下，继续往前走。原来骡子嘴里进了土，肯定要第一时间吐出来，把嘴巴清理干净，这样一来，它就忘了刚才生气的原因了。其实，窍门不过是将它的注意力快速转移。老太太就是用转移注意力这种方法，应对那些可爱却倔强、听不进大人意见的孩子的。

这个故事中的道理适合每一个人。坏脾气上来时，我们不妨转移一下注意力，这样就能避免和别人发生冲突。在十分愤怒的时候，我们可以通过转移自己的注意力来化解愤怒。转移注意力，可以从下面几点做起。

第一，停止思维反刍。思维反刍是指当引起你愤怒的事情过去以后，你仍然会纠结烦恼。思维反刍会让愤怒变得更加强烈，这时你就可以尝试"思维叫停"了。具体做法是：当你意识到自己正在进入思维反刍的状态时，要当机立断大声对自己说"停"，然后不断地重复这个字眼，直到你的脑海中不再充满令你烦心的事为止。

第二，利用臆想想象化解愤怒。在脑海中臆想出一种情景，利用这个画面来化解内心的愤怒。比如，要愤怒时，试着闭上眼睛，想象自己在做一件特别喜欢的事。

第三，离开让你产生愤怒的环境。愤怒多发生在特定的环境中，在某时某地有件事引起愤怒，那么这样的环境就容易和情感联系在一起。如果离开那种环境，就可能降低愤怒的程度；如果继续待在那种环境中，可能就会难以止怒。因此，离开愤怒的环境，也是控制愤怒的一种办法。

张杰是一家公司的老总，随着近几年公司规模的扩大，操心的事情越来越多，他的脾气也日渐增长，很容易愤怒。愤怒使他失去了很多机会和财富，和周围人的关系也变得非常微妙，为此他憔悴不堪。为了改变这种局面，他去看心理医生，医生建议他用臆想想象的办法来化解心中的愤怒。

从这以后，一旦他觉得自己愤怒了，就会对自己的秘书说："我要去钓鱼了！"然后，他坐在座位上，闭上眼睛，开始想象自己正拿着钓竿，坐在小河边，微风清凉，阳光柔和地洒下来，周围寂静一片，只等鱼儿上钩。大约10分钟后，"钓鱼"完毕，此时他的愤怒已经消失得无影无踪了。

如果能够在愤怒时成功地转移自己的注意力，那么你会发现能够引起你愤怒的事情越来越少，动怒的次数也就越来越少了。

一些意想不到的事情发生后，或者和别人吵架后，难免会心情不好。那么，如何才能转移坏情绪呢？

（1）学会转移。转移自己关注的焦点，可以马上去做其他的事，最便捷的方式是深呼吸。

（2）去健身房。当我们心情不佳的时候，约几个要好的朋友去健身房，在锻炼身体的同时，还能让不良情绪得到宣泄。

（3）换个环境。当心情不好的时候，可以尝试外出旅行，换个环境，最好选择去自己向往已久的地方等。眼界开阔后，心胸自然也会开阔不少。

（4）听搞笑故事。当心情不好时，观看一些搞笑视频或文字等，缓解不良情绪。

以上四种方法对于转移不良情绪都是很不错的方法，当我们心情不好时，不妨尝试一下。

平和的心情，给你不一样的世界

日常生活中，人与人之间可能因一言不合就发生争吵，甚至拳脚相向，这都是感情冲动易怒者会惹出的事件。因此，为了避免不必要的争执，我们需要保持平和的心情。

当我们被亲近的朋友误解，甚至对方割袍断义也要远离自己的时候，我们可能会怒火冲天，说出不可挽回的话；当我们知道同事在暗地里讲我们的坏话时，我们可能会忍不住撸起袖子，想要给其一个终生难忘的教训；当我们的伴侣因为一点小事就与我们争吵不休时，我们可能在狂怒之下失去理智，而将家里的器物摔碎以泄愤；当我们被领导不分场合地责骂时，我们可能在忍无可忍之下，任由不满充斥自己的脑海，不管不顾地与之对抗；当我们不小心打碎了自己心爱的物件，我们可能会自责不已，大哭不止……

以上行为都是生活中经常发生的事情，然而导致的后果却让人后悔莫及：因为一点误解，你损失了一个挚友；因为同事无心的一句闲言碎语，你的心里充满阴影，或者引起更大的争端，或者坐实了别人的评论；因为一点无关紧要的小事，你伤透了伴侣的心；因为没有足够的定力，你被公司解雇；因为一件身外之物，你放任自己的负面情绪滋长蔓延……实际上，这时候的你最悲哀。

当遇上某些无法忍受的事情，忍不住要爆发怒火的时候，保持心态上的平和，及时克制住自己的负面情绪，既能很好地解决问题，也不会伤人伤己。保持平和的心态，将会给我们带来超乎意料的美好。

民间有一首诗说："作天难作四月天，蚕要温和麦要寒。行人望晴农望雨，采桑娘子望阴天。"像这样，天究竟怎样才算是"好天"呢？

天都这样难作，何况做人呢？所以人生在世，受人埋怨是难免的，被人非议也是必然的。每当这个时候，一定要保持平和的心态，表现出自己的好脾气。在孔子的三千弟子中，最受他欣赏的就是颜回。孔子欣赏颜回的原因之一，就是颜回能做到"不迁怒，不贰过"，也就是遇事心态平和，不重复犯同样的错误。

这一点看似简单，但对于大多数人来说，恐怕一辈子都做不到。很多人之所以在职场上诸事不顺，往往并不是因为能力差，而是因为脾气坏，且不善于自我控制。所以，遇事保持平和的心态对一个人十分重要。

第一次世界大战以前，德国之所以会迅速崛起、强盛，是因为有一对著名的好搭档：一位是"铁血宰相"俾斯麦，另一位是宽容大度的皇帝威廉一世。

那时候，威廉一世散朝回宫后，经常气得乱砸东西、摔茶杯，有时连一些贵重器皿都摔坏了。皇后问他："你又受俾斯麦那个老头子的气了？"

威廉一世点点头，皇后便说："你为什么老是要受他的气呢？为什么不给他点颜色瞧瞧？"

威廉一世却说："你不懂。他是首相，一人之下，万人之上。下面那么多人的气，他都要受。他受了气往哪里出？只好往我身上出啊！我当皇帝的又往哪里出呢！只好摔东西啦！"

威廉一世能够成功，在很大程度上得益于他的这份好脾气。他在位的时候德国能够那么强盛，也和这一点有着莫大的关系。

坏脾气不但会影响自己的心情，也会给自己带来坏运气，当然了，还会向他人传递一种负能量。在生活中，许多问题与困局无不与此有关。所以，平时遇事一定要学会保持平和的心态。为此，你可以这样做：首先心态要好，平时多注重心态的调整，尤其在小事上，不要计较得失，多看到事情乐观积极的一面；其次，要有好的神情，不要整天都阴着脸，把坏心情写在脸上；最后，及时宣泄心中的不良情感，不要整天憋在心里，可以多与朋友交流。

有关调查发现，心态平和的人更能在大事上做出明智的选择。因为心态平和的人，心灵少有迷惑与烦恼，更能体会到他人的善意与友爱。即便遇上难题，心态平和的人也能镇定自如地转危为安；面对流言蜚语，心态平和的人更能坦然处之。

所以，不管何时何地，都不可轻举妄动或者自乱阵脚，要学会冷静地分析判断。总而言之，保持心态上的平和，不仅会让你赶走烦恼、创造幸福，还具有将劣势转化为优势的力量。

我们要想做到心态平和，就要有针对性地进行心理上的修行。其中最有效的办法就是积极的心理暗示法。据说林则徐为了保持心态平和，就在自己的书房里挂了一幅"制怒"的匾额。

对于有些人来说，如果本身的脾气容易暴躁，最好在办公桌上放一张"笑脸"之类积极阳光的图片，或者在衣服上携带一枚笑脸胸针等，每当想要发怒的时候就看看这些暗示，怒气自然很快就能忍下来，甚至降下去。

情绪转移法不失为保持平和心态的好方法。当想要发火时，我们最好强迫自己回想一些发生过的快乐的事，怒气也会随之烟消云散。

第三章

远离浮躁，身安心安
——人淡如菊清香自来

在日常生活中，如果一个人脾气暴躁易怒，那么哪怕是最普通的一件小事，都可能成为发怒的导火索，经常是越吵越激动。所以，当我们想要发火的时候，最好告诫自己发火吵架的严重后果，深吸一口气，让自己快速冷静下来，思考积极应对的办法和言辞。

情绪化是幸福的真正杀手

情绪的爆发是一种痛快的表达。但是世间有许多人一直不懂得用理智的缰绳控制情绪的野马，常常为了一时痛快，意气用事，从而造成不可逆转的后果。

人的情绪化行为都有哪些特征呢？

1. 缺乏理智性

人与其他动物的区别之一就在于人的行为具有理智性。人的行为应该是有目的、有计划、有意识的外部活动，人的情绪化行为往往缺乏这一点：为人处世时不仅"跟着感觉走"，而且常常"跟着情绪走"，行为不经过独立思考的过程，显得不够成熟，容易轻信他人、依赖他人。

2. 冲动性

人的情绪化行为反映了意志控制力的薄弱。遇到不称心的事，人的行为本应受意志的控制，受意识能动地调节支配，然而，有的人却要把自己的情感立即发泄出来。带有冲动的情绪化行为，表面上看力量很强，却不能持续很长的时间，紧张性一旦释放，冲动性行为就结束了，随之来的往往是某种破坏性的后果。

3. 情景性

人的情绪常被生活环境中与自己切身利益相关的刺激所左右。只要满足自己需要的刺激一出现，就会非常高兴；一旦发现满足不了，就会异常愤怒。这种简单、原始的行为，还处于人类思维的低级阶段。

4. 攻击性

容易情绪化的人忍受挫折的能力也相当差，很容易将自己受到挫折后产生的愤怒情绪表现出来，攻击他人。这种攻击不仅可以以身体力量的方式出现，也可以通过语言或表情表现出来，如讽刺挖苦他人、让他人难堪等。

5. 不稳定性和多变性

人的行为总有一定的倾向性，这种倾向性一经形成，会显得非常稳定。但是，当人的行为贴上情绪化的标签时，就会使这些行为具有多变、不稳定的特点。较常见的表现就是喜怒无常，让人捉摸不透。

遇事冷静处理，防范情绪化，是一个人逐渐走向成熟的标志。大至国家，小到工作、家庭，多少人间悲剧、惨剧、闹剧，皆源于关键时刻的情绪失控和判断错误；而这些致命的失误，又源于人的情绪冲动、缺乏理智、不成熟。可见，意气用事，确实是人生的一大"杀手"，这个"杀手"藏在人的心里，专门破坏我们的幸福。可以说一时的情绪化，常常是幸福的杀手。

情绪是一种利弊两面的内心体验，它集建设性与破坏性于一身：它会引导我们以恰当、现实的方法做事，也会让我们因冲动做错事而受到惩罚。但这并不意味着人只能做情绪的奴隶、受情绪支配，相反，人是可以调节情绪的。情绪是洪水，我们的理智就是阻挡洪水的一道闸门。

很多时候，情绪是一种选择，而非事件的结果。

有一位叫爱地巴的人。他有一个很有意思的习惯，每当要与他人起争执的时候，他便会以最快的速度跑到家门口，绕着自家的房子和田地跑三圈，然后坐在田地边喘气。这个习惯他坚持了一辈子，也让他在村子里赢得了良好的人缘与尊敬。

后来他的孙子问他这样做的原因，他说："年轻时，我碰到生气、吵架之类的事情时，就绕着房子和田地跑三圈，边跑边想，我的房子这么小，田地这么少，我哪有资格去跟人家生气？"孙子又问："可是后来你已经很富有了啊，你怎么还那么做呢？"爱地巴回答说："这时候我就想，我的房子这么大，土地这么多，我又何必跟他们斗气呢？想到这儿，气就消了。"

看到这个小故事，你是否会会心一笑呢？有的人将情绪归于他人或外界因素，但事实上，情绪是一种选择，而不是任何事情的结果。

你完全有能力做到驾驭自己的情绪，因为你才是情绪的主人。

能真正成为情绪主人的人，往往是情商极高的人，他们能够将各种情绪控制得恰到好处，收放自如。在人际交往中，这些人常会凝聚极高的人气与好评，甚至比那些高智商的人，更容易获得职位的提升与生活的幸福。

这种能力与人格特质并非生而有之。每一个人都可以拥有它，但需要你有意识地观察、体悟、培养与不断地修炼。

一个小男孩正在与他的祖父聊天。他问祖父："你认为这个世界是什么样子的？"祖父回答说："我感到有两只狼在我心中搏斗，一只充满愤怒和仇恨，另一只充满爱、谅解与和平。"小男孩又问："哪一只能战胜对方呢？"祖父说："我平时喂养的那一只。"老人的话正表明了这样一个道理：操控情绪的高情商要靠我们在平时多学习、培养和修炼。

世界太浮躁，需要静下心来

心浮则气躁，气躁则神难凝。浮躁就是失败者的墓志铭。放下浮躁，不可投机取巧，不可三心二意，不可心怀不轨，不可见异思迁。投机取巧者必倾覆于机巧之下，三心二意者必一事无成，心怀不轨者难逃人心天理，见异思迁者难免悔恨终生。而能够成就大事，并保持成功的人，一定是戒骄戒躁的人。

在广阔的非洲大草原上，一只成年的猎豹领着它的儿子躲在草丛中，一动不动，因为今天它要把捕捉猎物的本领教给儿子。忽然，它们发现远处有一群羚羊正在喝水，于是两只猎豹同时屏住呼吸，悄悄地向羊群靠近。一只警觉的羚羊对这对猎豹母子的接近有所察觉，拔腿便跑，而其他的羚羊也开始四散而逃。躲在一边的猎豹像箭一般冲向羊群，开始捕猎。

成年的猎豹紧紧跟住一只未成年的羚羊。被追逐的羚羊跑得飞快，成年猎豹紧随其后，小猎豹也不甘落后地追逐。

在追逐猎物的过程中，成年猎豹超过了一只又一只的羚羊，但它丝毫没有改变自己的方向。而小猎豹看到站在旁边观望的羚羊时，马上改变了方向，开始追逐这些离它更近的猎物。

一会儿工夫，成年猎豹所追逐的那只羚羊已经跑累了，猎豹则继续坚持奔跑，终于将前爪搭上了羚羊的后腿。羚羊倒下了，成年的猎豹捕获了自己的猎物。而小猎豹则拖着疲惫的身体，回到了母亲身边，一无所获。

成年猎豹安慰自己的儿子说："第一次猎食，你已经表现得很出色了。"

小猎豹却疑惑地问："妈妈，刚才在你猎食的过程中，明明有更近的羚羊，你为什么不改追它们呢？那些羚羊应该更容易抓到啊！"

成年猎豹很严肃地对儿子说道："这正是你今天需要学会的道理。

我之所以只追这只羚羊，是因为它已经很累了，而别的羚羊还不累。如果我像你一样改变目标，那么其他羚羊一旦起跑，瞬间就会把我们甩在后边了，最终我们两个都得饿肚子。"

豹子在捕猎的过程中，只有稳下心追逐一个猎物，才能最终把它捕获。如果三心二意、见异思迁，那么只能白忙一场，空手而归。人生又何尝不是这个道理？没有哪件事可以侥幸，所有的成功都需要坚持的精神。

从前，有两个邻居，同时在自己家院子里挖井。其中一个人比较聪明，他先在自家的院子里勘测一番，挑了一个土质松软、容易出水的地方开挖。另一个人则比较愚笨，他不懂得勘测地质，在院子里随便选了一个地方就动手挖了起来。那个"聪明人"看见邻居所选的挖井地点，发现那里土质很硬，离地下水又远，心中暗笑。他对自己的邻居说："我的好邻居，为了督促我们快点把活干完，我们来比赛吧。"那个邻居听了就问："能快点把活干完当然好，可是你要怎么比呢？"

聪明的人说道："我们来比比，看谁先在自己院子里挖出水来。挖不出水来的人就要请先挖出水来的人到最好的酒楼去喝酒，怎么样？"

那个邻居想了想，觉得这样的确可以督促自己快点把活干完，就答应了。那个"聪明人"觉得自己稳操胜券，所以，天天也不努力工作，挖一天井，之后要休息两天。他的邻居则一刻也不敢松懈，每天辛苦挖井，废寝忘食。

十天过去了，"笨"邻居已经挖了一个很深的井，而"聪明人"家里的井只有树坑深浅。"聪明人"对邻居笑着说："你看你比我多花了那么多力气，多挖了那么多的土出来，却跟我一样都没有挖出水来。所以我劝你还是休息休息吧，说不定你选的地方永远也挖不出水来。"

他的邻居擦了擦头上的汗说道："我觉得只要肯挖，总能挖出水来，现在还没出水，说明我挖得还不够深。"说罢，他就继续头也不抬地挖井。

又过了些日子，两个人依然都没有挖出水来，"聪明人"开始对自己选的地方产生怀疑，于是又选了一个更容易挖出水的地方。又过了十天，"笨"邻居的井虽然没有挖出水来，但是已经挖得非常深了。而"聪明人"在新选的地方也没有挖出水，再三犹豫之后，又换了一个地方。

结果可想而知，"笨"邻居的井终于见到了湿土，最终涌上一股甘泉来。因为挖得特别深，所以这口井的井水是村子里最好喝的。而"聪明人"因为总是换地方，没有坚持到底，所以最终也没能挖出一滴水来。

故事中的"聪明人"以为自己找到了挖井的捷径，于是总是半途放弃；而"笨"邻居只知道坚持干活，终于获得了成功。由此可见，成功者大多不是计谋多的"聪明人"，而是踏实肯干的"老实人"。因为成功的路总是太过明显与平凡，所以"聪明人"不屑于走，总想另辟蹊径，结果聪明反被聪明误，一生劳心劳神，终究与成功无缘。

其实，聪明并没有错，但是与聪明相伴的浮躁往往会断送聪明人的前程。如果一个人愚笨而浮躁，那么他是名副其实的蠢人；如果一个人愚笨而懂得坚持，那么他终将大器晚成；如果一个人聪明而浮躁，那么他可以离成功很近，但就是无法得到；如果一个人聪明而懂得坚持，那么他就是天之骄子，无疑可以成就非凡的事业。

智力的高低并不能决定一个人能否成功，只是对成功的早晚有影响而已。能否放下浮躁才是成功与否的关键因素，坚持才是成功的唯一路径，除此之外，再无其他的路可走。

别让无谓的执着扼杀了自己

执着分为两种情况：一种执着，是正当地追逐自己的理想时，不怕面对困难，勇于克服一切艰难险阻，决不妥协的成长过程；另一种执着是动机不纯，努力的方向或方式完全不对，却坚持不懈强迫社会、他人给你一个好结果。后者，我们常称为"无谓的执着"。

无谓的执着是一条不归路，适时放下才是通向幸福快乐的坦途。

放下虚妄的名誉，我们可以享受真实而平凡的乐趣；放下不义的财富，我们能够看到道义的价值；放下权力的牵绊，我们可以畅享天伦之乐……

古代欧洲有一位受人尊敬的技师名叫迈克尔。他才华出众，不论多么离奇古怪的难题，到了他手里总是能迎刃而解。同时，他还发明了大量的新鲜玩意儿来改善人们的生活。所以，在众人眼里，迈克尔是挑战难题的英雄，是博学多才的学者。

有一次，迈克尔纵身跳下十米的高台，然后靠着湖面的缓冲和自己精确的入水角度，毫发无损地回到了地面。目睹这一奇迹的人们大声欢呼，称赞迈克尔的勇敢与矫健。迈克尔在群众的欢呼声中异常激动，于是他又登上了二十米的高台，准备创造一个新的奇迹。

他的好朋友拦住他说："这一次太危险了，你还是不要冒险的好。"

迈克尔却说："在你的眼里这是危险的，在我的眼里这却是一次挑战。这就是你我的不同，也是我和平庸者的区别。在挑战面前，我总是愿意尝试一下。"说罢，他再次从二十米的高台上纵身跳下。在场的每一个人都屏住呼吸，张大了嘴巴，现场一片寂静。当迈克尔从湖水中爬上岸来，向人群致意时，人们沸腾了。因为从来没有人能从二十米的高台上跳下而毫发无损，人们为迈克尔这一盖世无双的壮举而欢呼雀跃。他们齐声高喊着迈克尔的名字，把他的名字和英雄联系在一起，迈克尔沉浸在无比的自豪和快乐之中。

从此，迈克尔勇敢的名声远近闻名，很多人慕名前来邀请他表演跳水绝技。几年过去了，迈克尔无数次地从二十米的高台上跳入水中，然后安然无恙地重返陆地。可是，观众们已经不像第一次看到时那样热情和感到惊奇了，迈克尔觉得应该迎接新的挑战，再创奇迹。

　　一天，一只小鸟拍打着翅膀从迈克尔眼前飞过。他盯着远去的小鸟，一个创意油然而生。他想，如果自己能够像小鸟一样长出一对翅膀，那么就可以从更高的地方跳下来而安然无恙了。

　　于是，迈克尔花了两天时间，废寝忘食地工作，终于造出了一对漂亮的翅膀。他向人们发出消息说，自己要戴着这对人造翅膀，从欧洲最高的塔尖跳下。很快这个消息不胫而走，一夜之间就传遍了整个欧洲。人们再一次为迈克尔的勇气和激情而狂热，他的支持者从四面八方赶来，每个人都想亲眼目睹迈克尔所创造的奇迹。

　　表演的日子到了，高塔的周围被围得水泄不通，连罗马的皇帝也亲自来捧场观看。这时，迈克尔的朋友费力地穿过人群，悄悄地对他说："我的朋友，你还是放弃这个危险的念头吧，如果你真的从这个塔上跳下来，最后一定不会有好结果的。"

　　迈克尔轻蔑地看着自己的朋友，不屑地说道："你要再次阻止我创造奇迹吗？马上我就要改变人类的历史了，我是不会因为你的话而改变我的决定的。"

　　他的朋友拉着他说："我衷心地希望你能成功，但是这次与跳水不同，下面是坚实的土地，你会摔得粉身碎骨的。"迈克尔一把推开自己的朋友，说道："你还是走开吧，不要再啰唆了！"说罢，径直朝高塔走去。

当迈克尔站在塔尖上的那一刻，所有人都屏住了呼吸，广场上死一般的寂静。这时，迈克尔的妻子赶到了现场，她大声呼喊，希望能阻止丈夫做傻事。迈克尔向脚下看去，他现在的位置离地面足有一百多米。正在他犹豫的瞬间，观众们开始齐声呼喊迈克尔的名字，同时传来雷鸣般的掌声和声嘶力竭的呼喊，他妻子的声音马上被淹没了。

迈克尔仰起头，倾听着塔下的狂欢，在海浪般的掌声与欢呼声中，装上自己制造的那一对翅膀，从高空一跃而下。人们再次屏住呼吸，等待着这位英雄创造人类的奇迹。

可是奇迹终究没有发生，迈克尔就这样结束了生命。

迈克尔之所以不断挑战跳台的新高度，是因为执着于虚荣，被人崇拜已经成为他生活的唯一支柱，也蒙蔽了他的眼睛，最终他对名利的狂热与执着杀死了他。现实生活中有很多人像迈克尔一样，执着于享受成功和荣耀，渐渐失去理智，心灵扭曲，最终走向人生的绝壁。

人的生命是有限的，而人对欲望的执着往往是无限的。把有限的人生投入无限的欲望中，并固执到底，最终只会酿成人生的悲剧。当到达一定的人生境界，淡泊名利才能不被名利捆住手脚；把人生看远，高瞻远瞩才能遇见美好的明天。

从正面发挥情绪的六大作用

　　人类在认知和改造世界的过程中，伴随着认知过程的变化，既形成了不同的态度，也产生了相应的情绪。情绪是人类日常生活中常见且能亲身体验的一种心理活动，是个体在受到某种刺激后所产生的一种身心激动的状态，是对客观事物的主观体验。由此可见，情绪不是客观事物本身，只有那些能够与个体需要相联系的客观事物才能够引起其情绪体验。所以，人的情绪会随着年龄、环境、事件、心态的变化而更改。

　　应该说，在多种精神活动中，情绪是重要的组成部分。情绪对人类的生活和社会实践起着极为重要的作用。

1. 表达作用

　　通过肢体语言、面部表情、语言语调等方式在某种场合的具体表现，人的内在心理可以一览无余。人是群居动物，相互间的沟通了解、交流、学习等，都能通过这些方式来准确快捷地达到目的。不同类型的人对周围人的感染力和影响力也各不相同：积极乐观的人，表现出的常常是自信乐观的状态，那么你的快乐也会很快感染你周围的人——先是你最亲近的亲人、朋友、同事等，然后经由他们分别传染给周围的人，如此良性循环，你的良好情绪便带动了周围一大群人的情绪；悲观消极的人，同样会把你不好的情绪传染给情绪控制力薄弱者，即使没被感染的人在你情绪低落时也不会很愉悦。如果你希望得到快乐，你就必须表现出快乐的状态；如果你希望有成就感，你的行为就必须看起来有成就感。人生就像举止与反应的实验室，你的情绪正是印证你行为的一种反应。

2.动机作用

良好的情绪能促进行为的完成，不良的情绪只能阻挠行为的实施，情绪和行为的关系就是这么微妙。我们知道，动机是引发并维持个体行为的内在动力，动机作为方向，有组织、有目的、有方向地引发和维持行为活动。良性的情绪情感能激励人，是提高人的活动效率的动力因素之一。情绪的适度兴奋，能带动身心，使人们处于活动的最佳状态，做事的效率也会得到极大的提升。

很多现象表明，紧张或焦虑并不完全是行为的障碍，有时，这两种情绪的适度存在反而能促使人们积极地思考和成功地解决问题，过度的紧张或焦虑才是解决问题的阻碍。一提到"压力"这个词，很多人马上就会将其与无可奈何的承担、辛苦、劳累联系到一起，莫名地就充满了抵触排斥的情绪，稍遇上点压力就喊着减负减压。各种书籍报刊也争相讨论心理减负这一话题。其实，专业的应用心理学专家认为，有压力才有动力，有压力是正常的，而且适当的压力有益于身体健康。

比如焦虑，它常常能够使人鼓起勇气面对生活中的困境和挑战。再如紧张，虽然通常被认为对人体有害，会引起种种疾病，如神经衰弱、溃疡等，但是，美国科学家最近结束的一项研究表明，紧张若能处理妥当也会有益。心理学家认为，人远非想象的那样脆弱，紧张是生活中不可缺少的一部分。如果试着对造成心理紧张的事物有兴趣，就可以寻求改变紧张局势的途径，而尝试从中学到新东西才是健康乐观的态度。

当然，负面情绪的干扰作用的确是客观存在的。当人的行为受到阻碍而产生消极情绪时，这种情绪会干扰有序的动机性行为，妨碍活动的进程，降低活动的效率。心理学家做过这样一个实验：在给小小的缝衣针穿线的时候，你越是紧张，越是全神贯注地努力，线越不容易穿入。心理学上，这种现象被称为"目的颤抖"，即目的性越强就越不容易成功。当对某件事情过于重视而紧张万分时，人的压力会骤升，往往就会出现心跳加速、精力分散、动作失调等不良反应。很多人在人生的关口失手，心理紧张与焦虑是重要原因之一。

3. 动力作用

人们追求美好生活的动力的源头，就是情绪。情绪是人动力系统的重要心理因素。人体的生理功能，如心跳加快、肺活量增加、血液能够更迅速地运送到周身等都能在情绪的活动下激活。情绪活动还能带动肾上腺素分泌，使全身营养运送更有效率，能够帮助人们进入最佳的机体活动状态，从而达到最佳工作效率。

情绪的力量无极限，这种力量的作用可以从正、负两方面体现出来：其一是正面情绪，它有积极的促进作用；其二就是负面情绪，它只能起到消极的破坏作用。适宜的情绪活动还能够提高人体的免疫力，增强人们对疾病的抵抗能力，让人们的身体处于更健康的状态。大家都要努力培养自己的积极情绪并将其维持在最佳活动状态，这样才能够使人活力四射，办事效率高，从而进一步实现人生目标。

4. 适应作用

要人类完全适应现代社会环境，是比较困难的。随着科学的不断进步、文明的不断发展、社会的不断变革，社会价值、社会规范、社会观念也随之不断变化。现代人为了适应现代社会发展的趋势，为了应对日趋复杂的工作和人际关系，需要不停地调节自身的情绪。受以往观念影响，人们对新生事物、新观念、新情况是无法迅速适应的，找不到适当有效的方式，人们就会出现种种情绪的困扰。只有排除这种情绪困扰，才能正常地学习、生活和工作。如果长期受这种情绪的干扰而无法摆脱，不但会影响办事效率，对身心健康也极其不利。

生活中，很多情况会令人产生负面情绪：家庭或工作环境中人际关系的不协调，超过自身能力的学习、工作及生活负担，个人生活和工作的重大变化，对诸事期望过高而得不到满足，遭受挫折，等等。这些情形都会引起紧张、焦虑、愤怒、恐慌等应激情绪。

面对诸多生活事件，适度的紧张可以调动机体的潜在能力及活跃性，令人精神高度集中，对环境的适应和问题的解决是有益的。然而如果体内积聚的紧张无处释放，积累时间过久，就会引起周身不适，甚至心理异常和生理疾病。心理异常表现为体温和肌肉弹性降低、活动增多或减少、不安或焦虑、入睡困难或嗜睡、食欲下降或上升、腹泻或便秘、兴奋或抑郁、愤怒、疲倦、烦躁等；生理疾病可能会有恶心、呕吐、胃溃疡、高血压、冠心病、糖尿病、皮肤病、口腔溃疡、妇科病、过敏反应、癌症等，严重者甚至会危及生命。

5. 催化作用

心理学研究表明，具有达观、风趣、积极的性格特点的人往往对周围的人更具吸引力和感染力，使得人们乐于与之交往，因为在与他们交往和沟通的过程中，人们能够获得更多的积极情绪。那些整天闷闷不乐、哀伤凄苦的人则很少有人愿意和他们打交道。有时候消极情绪对他人的感染力比积极情绪强很多，如果你受其影响，那么你也会变得情绪低落、忧伤郁闷。你愿意做一个影响他人的人，还是一个受他人影响的人呢？如果你是一个有活力的人，你就能以自己的热情影响身边的人们。

人际间的情绪不但能起到润滑剂的作用，还能够起到传递信息、沟通思想、增进友谊、联络情感等多种作用。它能营造出和谐的人际交往氛围，使得人们交往时处于良好的心理状态，进而能够化解人际矛盾，促进人与人之间的理性交流，使得团队成员步调方向一致，做事团结，促使大家齐心协力，更好地实现工作目标。

6. 信号作用

人与人之间在交流沟通过程中，情绪和情感是两种相互影响的重要方式。它们渗透于人们的学习、工作和生活中，人们通过情绪情感的外在表现——动作、表情或语气语调来表达信息、传递交流思想。动作、表情、语气语调都是思想的信号，是人际交往的几种主要形式。人们在社会生活中，在许多情境下，彼此的想法、愿望、需要、态度或观点，不能通过语言来传递，那么就只有通过别的方式——表情来传递信息，当然有时还要靠对方的默契和意会了。这种沟通思想、相互了解的方式有时确能切中肯綮。通常，微笑代表对别人的认可、鼓励甚至夸奖，或者是对自己表现的满意，对自己的愿望得以实现的满足；表情比较痛苦、悲痛、失望、气愤、悲伤等，多伴随着人对眼前事情的不理解、不满、不甘或是否决态度等。通过这些外在表现的传递，情绪发挥了其信号作用。它们通过表情动作传递信息，使人们对他人、对环境事件的认知和观点态度都有具体了解，也让自己的情绪通过表现形式被他人所感知和理解。

晓莉为人大方，在朋友当中有不错的人缘。平时，与朋友一起吃饭，她总是会抢着买单。但是时间一久，她发现，有的朋友会把她的大方视为理所当然。比如，该买单时，她常会发现对方不是踩着点上洗手间，就是低头玩手机，或是忙着打电话，只字不提买单的事。碍于面子，晓莉只好帮着掏腰包，事后，还要落个埋怨："晓莉啊，你是不是不把我当朋友啊？买单也不和我说一声。"

每每如此，晓莉都只是笑笑："朋友嘛，计较这些干吗？"再加上平时的一些应酬，每个月下来，她因此要多开销不少。有一次，她事先和一位朋友说："这顿饭咱们 AA 制吧。"

结果，朋友的脸一下拉得老长，然后回了一句："你一个月赚那么多，怎么越来越抠门了？"

晓莉如鲠在喉，想痛痛快快地回几句：自己都请对方十来回了，一次不做东，就是抠门了？但想了想，又咽了回去。

在这个故事中，且不论朋友的做法是否欠妥，就晓莉来说，在平时可能是她的某些情绪、动作、行为向朋友传递了某些"错误"的信息，让朋友对她产生了"偏见"，认为她请客是天经地义。在现实生活中，在做一件事时，要想向对方准确传递你的所思所想，就一定要学会恰当地表达自己的情绪、思想与行为，这样，既可以让自己免于被动，也会让彼此的相处更为坦诚，从而避免不必要的误解。

给不满情绪找一个出口

心理学家通过大量的实验发现，在受到来自他人或自己的不良情绪影响时，一味地隐藏与压抑并不利于身心健康，长期的情绪压抑会导致沮丧和疲惫，甚至会诱发习惯性头痛，更严重的是，如果情绪积压到很严重的程度未及时发泄，爆发那一刻产生的后果很可能会非常严重。

我们常常看到有的人因为一点小事就怒气冲冲，并在这种暴怒情绪下攻击他人或者伤害自己，最终酿成大错甚至惨祸。事实上，他并不是仅仅因为这件小事就言行过激，而是因为很多以往没能及时发泄而积压下来的情绪被这件小事触发而崩溃，最终造成无法弥补的后果。

所以我们经常说，有情绪就要及时宣泄出来，特别是负面情绪，只不过这种宣泄要寻找正规理智的途径。这样，可以舒缓情绪，保持心理健康。如果宣泄的途径是不够理智的，或者在宣泄的过程中，因无法自控而过于激动，又或者情绪发泄之后不能很快从中走出来，那么情绪的发泄只会造成对自己或他人的伤害。有时候因为发泄时言行不当，引起他人不适，产生口角，并针锋相对，甚至拳脚相向，会产生更多更严重的情绪问题和后续问题。

对于来自外界的情绪不速之客，没有统一、绝对的应对之法，唯有了解并掌握通常的应对技巧并加以灵活运用，才能最大限度地避免负面情绪的困扰。

1. 换位思考，对事不对人

当冲突发生的时候，首先应该做的就是冷静下来，理智地分析问题，把人做的事和做事的人区分开来。如果做事的人引起了我们的负面情绪，那么我们需要说服自己换位思考，试着站在对方的立场上思考问题，这是寻求解决之道的捷径。同时，用尽量平静的语气告诉他"我的不满是针对你做的事，而并非针对你这个人"。

2. 情绪释放要及时

如同之前提到的，释放情绪的方式并非适合每一个人，但这并不能否认情绪释放是个不错的方法。就好比艾克哈特·托尔描述过的两只鸭子，在动物的世界里并不缺少冲突，但它们处理冲突的方式有时也值得人类借鉴：两只鸭子在发生冲突之后，马上会各自分开并释放累积的多余能量。然后它们就能像冲突发生之前一样继续安详地在水面上漂流。

快速摆脱不良情绪是一种重要的情商，它能够帮助人们将不良情绪释放或转移，同时减少压力，对身体状况亦会有正面的影响。

3. 情绪表达要适度

只是一味地换位思考、替他人着想或者压抑自己的情绪并不能真正地解决问题，而且对我们的身心毫无益处。正确的做法是择机适度地表达出我们的不满、愤怒和谴责，在给自己不良情绪找到出口的同时也能让对方明白我们的立场。

重点在于"择机"和"适度"，这些并不是一朝一夕就能够领悟的。这里有个表达方面的小技巧，如要表达"你很自私"的意思时，可以说"你在做这件事情的时候并没有考虑到我的感受，我觉得被遗忘了"。

当不可避免地被他人的负面情绪传染时，我们要对自己的情绪负责，积极主动地采取健康的、有益的措施化解他人的负面情绪给自己带来的影响。

发牌的是上帝，我们要做的就是玩好它

生活中我们常常能听到一些抱怨声。有的人抱怨自己太平庸，没有什么才气；有的人抱怨自己的家境太普通，不能给自己的成功以帮助；还有的人抱怨周围的人不愿合作，影响了自己做事的效率……他们不停地抱怨：怪父母，怪别人，怪自己，甚至怪天气，怪马路上来来往往的车辆。在团队中，抱怨是最严重的内耗，不仅让抱怨者丧失斗志，还会让同事失去信心。人们通过抱怨把挑剔、不满、埋怨、懊悔、烦恼、愤怒等消极信息传递给别人，结果引来更多的抱怨。这些人从不会感到满足，无论是生活还是事业，哪怕只是一顿简简单单的饭，都可能引发他们无休止的抱怨。他们的致命弱点就是永远不知满足。

你觉得你有权利抱怨生活，但是仔细想想，当你收获幸福和甜蜜时，是否还在抱怨？不，恰恰相反，那个时候，你陶醉于此，

觉得自己是全宇宙的宠儿；而当生活变得不再轻松愉快的时候，你就立刻抱怨它。你会因为一时的痛苦而否定全部，以偏概全，盲目指责。

你经常埋怨活得这么累，又如此辛苦，因为你只看到自己的付出，而没有看到自己的所得；不爱抱怨的明智之士即使真的很累，也不会埋怨生活，因为他知道，失与得总是同在的，一想到自己收获了那么多，他就会感到高兴。优秀的人从不抱怨，因为他们明白，不抱怨才是一种大智慧。

虽然抱怨会发泄个人心中的不快和不满，可以减轻负面情绪对自己的影响，却不能使人朝着积极的方向发展。一个习惯将抱怨的话挂在嘴上的人，只会与成功渐行渐远，滑向失败的深渊。生活中许多事情告诉我们：只会抱怨的人是无法把事情做好的；抱怨生活，只能使自己过得更疲惫；抱怨、指责别人，对自己的伤害往往是最大的。

艾森豪威尔年轻的时候，一次晚饭后跟家人一起玩纸牌游戏，连续几次都抓了很糟的牌，他开始不高兴地抱怨。

妈妈停了下来，严肃地对他说："如果你要玩，就必须用你手中的牌玩下去，不管那些牌怎么样！"他听后一愣，母亲又对他说："人生也是如此，发牌的是上帝，不管怎样的牌你都必须拿着，你能做的就是尽你的全力，求得最好的效果。"

很多年过去了，艾森豪威尔一直牢记母亲的这句话，从未再对生活加以任何抱怨。相反，他总是以积极乐观的态度去迎接命运的每一次挑战，尽己所能地做好每一件事，从一个普通家庭走出来，一步一步地成为盟军统帅，最终成为美国总统。

艾森豪威尔逝世后，约翰逊在给他的哀悼词中称赞他"勇敢而正直"，他的这种勇敢和无所畏惧的性格正是得益于母亲当年的教诲：人生如打牌，既然发牌权不在你手里，那么，你能做的就只有用你手里的牌打下去，并努力打好，除此以外，你没有任何选择！

良性压力可贵，过度焦虑堪忧

当一个人一点压力都没有时，他根本就没有做好工作的动力；相反地，当一个人处于极度的情绪波动时，随之来的压力可能会使他无法完成本该完成的工作；只有当一个人处于有一些压力，又有比较轻松的精神状态时，才能把工作做得很好。

有一个小和尚，一天，他的师父让他去打油，并且一遍又一遍严厉地向他交代："你一定要小心，绝对不可以把油洒出来，否则罚你做一个月苦力。"

小和尚胆战心惊地下了山，在师父指定的店里打好油后，踏上了回寺庙的路。一路上，小和尚都在想着师父严厉的告诫，小心翼翼地端着装满油的大碗,每一步都走得提心吊胆。眼看走到庙门口了,没想到一不留神,小和尚一脚踩进一个大坑里,碗中的油洒掉了三分之一。他越发紧张,手脚也开始发抖。等见到师父时,碗中的油只剩下一半了。

师父很生气,怒气冲冲地骂小和尚是个笨蛋。难过的小和尚边走边哭,碰到了方丈。方丈了解事情的经过以后,慈祥地对小和尚说:"我再派你去买一次油,这次我要你在途中多观察你看到的人、事、物,并且回来要讲给我听。"

第二次打油归来,小和尚遵照方丈的嘱咐观察路边美丽的风景,雄伟的山峰、耕种的农夫、欢快的孩子在路边的草丛里玩耍、两位白发老人兴致勃勃地下棋……就这样,小和尚不知不觉间回到庙里。当他把油交给方丈时,发现碗里的油一点也没有洒出来。

师父的苛刻要求,给小和尚带来无比紧张的情绪,结果油洒了一半;方丈在意的是过程,让小和尚心情很放松,碗里的油一滴未洒。

世界网坛名将鲍里斯·贝克尔被称为"常胜将军",其成功的秘诀之一就是在比赛中自始至终防止自己过度兴奋,一直保持半兴奋状态。这种秘诀其实就源于对耶基斯—多德森法则的运用。

在早期的研究中,耶基斯和多德森对老鼠进行实验,结果显示在压力与业绩之间存在着一种倒 U 关系,这就是著名的耶基斯—多德森法则。这个法则认为,有一种最佳的压力能够使业绩达到顶峰状态,对于处在各种工作状态中的人来说,过大或过小的压力都会使工作效率降低。也就是说，压力较小时，工作缺乏挑战性，人处于松懈状态，效率自然不高；当压力逐渐增大时，压力成为一种动力，它会激励人们努力工作，效率将逐步提高；当压力达到人的最大承受能力时，人的效率才会达到最大值；但当压力超过了人的最大承受能力之后，会带给人们紧张与忧虑，效率也就随之降低。

我们承认，焦虑并非都是不好的，因为适当的焦虑可以激励人们为即将到来的挑战和展示自我的机会做好准备，驱使人们工作更努力，刺激人们在规定的期限里完成工作，并把事情做得更好。但是，很多情况下，如果焦虑过重，给自己带来的仅仅是紧张、悲伤和挫败，则没有任何积极意义，而且这种不良的情绪会反复出现，这时焦虑会让人们非常苦恼。

心理学上有一个著名的实验：把一胎生的两只小羊放在不同的条件下喂养，其中一只可以自由自在地生活，没有任何限制和威胁；另一只用长绳拴在一棵树上，在长绳允许的空间内可以自由活动，但在这只羊的附近放着一只铁笼子，里面关着一只凶恶的狼。由于这只羊终日与狼为邻，极度恐惧焦虑，没过多久就死了；另一只羊却能健康成长。

这个实验深刻地揭示了焦虑情绪对健康的危害。在过度焦虑的情绪状态下，人会表现得心绪不宁、浮躁不安，会出现血压升高、心跳加剧的现象，胸部常有一种被堵塞的感觉，甚至会寝食难安。如果长期处于压力或忧虑之中，人们的身体最终会因无力招架而垮掉。

找个朋友，倾诉心中的不快

当我们逐渐长大后，就会拥有许多难以表述的苦闷情绪，再加上没有适当的时机和适当的人可以倾诉，这种不良情绪就会随着时间的推移而日益积累。因此，越来越多的人更倾向于和几个朋友一起喝酒聚会，正所谓"一醉解千愁"，最后再借着醉酒的名头将自己的委屈向周围的人倾诉一番，也能有效缓解不良情绪带来的负面影响。

严华、杨芊、林雨、文燕和刘莎这五个女孩在中学时代就是无话不谈的好朋友。后来，她们考入了不同的大学，生活在不同的城市，因为对彼此的生活参与感降低，又结交了新的朋友和同学，她们渐渐联络得少了，但是感情依旧，会偶尔相约一起逛街吃饭，分享彼此生活中的烦恼和乐趣。

初入职场，她们忙得不可开交，彼此之间最多只能通过网络或电话进行问候。突然有一天，她们接到林雨自杀身亡的消息，震惊极了，根本想不到一向嘻嘻哈哈的林雨竟然会以这样惨烈的方式结束生命，而她们作为林雨的闺密却丝毫没察觉到任何征兆。

许久没有见面的严华、杨芊、文燕和刘莎因为给林雨送葬而聚齐，她们一起安慰悲痛欲绝的林妈妈。这时，她们才得知林雨的遭遇。早在上大学时，林雨就已经有轻度抑郁，因为学业吃力，她感觉选错了专业，加之跟室友和同学关系不睦，也没有谈恋爱，又不想让妈妈担心，所以她没有人倾诉。毕业前，因为担心学分不足，一直紧张焦虑，所幸最终拿到了毕业证。在就业形势严峻的情况下，她好不容易进了一家小公司当秘书，没想到老板死缠烂打地追求她，却在得到她的身体并强迫她堕胎后，声称自己已婚，也不会离婚对她负责，只会给她五万元分手费。"被小三"的林雨悲痛欲绝，不知道回家要怎么跟家人启齿自己的遭遇。于是在极度的绝望和羞愤中，她选择用死亡结束现实的折磨，纵身跃下公司大楼，告别了这个对她来说冰冷又黑暗的世界。

这场悲剧令其他几个女孩心痛，也让她们如梦初醒。她们想到如果林雨能够及时疏导情绪，把心里的痛苦向父母或她们倾诉，也许会是另一个结果。几个女孩下定决心，以后不管多忙，都要抽出固定的时间进行"姐妹会"。大家凑在一起干什么都行，时间紧也可以简单吃个饭，互相说说彼此的近况，把那些不痛快的事、心里的苦水互相倾诉，把由于各种原因无法对外人言说的想法痛痛快快地说出来。她们会聊"极品"的同事，聊唠叨的父母，聊八卦亲戚们的混乱事。于是她们在几年之中一起经历了很多不那么美好的事：杨芊的老爸老妈一度闹离婚，文燕的老公和公司前台传过绯闻，严华因为乳腺肿瘤动了次大手术，刘莎的父母相继去世……糟糕的事一直在发生，但她们因为有了能够敞开心扉交流的姐妹会，不管发生多糟糕的事，她们都能彼此扶持，鼓起勇气面对。

倾诉是每个人都需要的一种情绪调节法，你可以对同事倾诉，也可以对家人、朋友倾诉，甚至可以求助专业的心理咨询机构。如果需要倾诉的是一些比较复杂的、可能涉及你的切身利益的问题，随便对熟悉的人讲，不见得能敞开心扉，更可能因为不同的客观或主观因素而无法得到有效的疏导，反而效果更糟。这时候不妨寻求专业心理咨询师的帮助。

在生活中不管因为谁，也不管因为什么事，引起愤怒、焦躁、委屈、痛苦等负面情绪，在向他人倾诉时，无论心中如何不快，都切忌把对方当成"情绪垃圾桶"，所以我们一定要注意倾诉的方式。

（1）对那些愿意倾听你的人表示充分的尊重，千万不可带着"发泄"的念头随意占用他人的时间，不分时间与场合地向对方发泄自己的不良情绪。否则到头来，你情绪缓解了，却带给对方很多的困扰。在这个世界上，任何人都没有义务去安慰或开解你，所以一定要学会感激。

（2）不管在什么情况下，都不要说些搬弄是非或诋毁他人的话。虽然负面情绪需要倾诉，内心焦虑也需要排遣，但是不能用恶毒的语言中伤他人。如果你的目的只是拉一个盟友一起对付某个人，想背地里指使好友为你出头，那么事情的发展趋势往往不会如你所愿。要知道，宣战与宣泄是截然不同的两回事。

（3）俗话说："听人劝，吃饱饭。"当你向好友倾诉自己的不良情绪后，朋友可能会给你提一些有意义的建议，也许这些话对于你来说不是那么"顺耳"，但是，你也不能将矛头对准帮助自己的人。

切记：诤友不易，且行且珍惜。

学会友好地释放情绪

如今，在大城市工作的人总是面临各种各样的压力，在日常生活中也难免会感到吃力，但如果回到家里还争吵不休，这对于任何人来说都是一种灾难。因此，在家里我们可以采取一些办法，既能发泄和排解负面情绪，也不至于伤害家人的感情。比如，我们可以约定好一个"吵架日"，在那一天将自己所有的负面情绪统统发泄出来，这不失为一种排解烦闷的好方法。

一向口无遮拦的李兵总是提起妻子赵月的缺点，而妻子赵月因为追求完美，也总是诉说丈夫李兵的不是。两人经常因此闹别扭，但是又害怕争吵伤感情，于是他们只好忍着，独自生闷气。然而，时间一长，夫妻二人就陷入"冷战"状态，往往是一连数天都不愿意搭理对方。

一天，两人再一次闹翻，赵月以在公司加班为由没有回家，但上网时，竟然看到李兵在玩游戏，赵月感到特别生气，将其最近以来的"错事"一条条列出，并通过微信全部发送过去，而李兵也马上"回敬"过来。

两个人打字时都手指飞快，通过微信互相埋怨对方。经过长达两个小时的骂战后，赵月感觉通体舒畅，于是，她发信息给李兵："我发泄完了，真痛快，现在我突然觉得你没有那么可恨了。"李兵也说："我也发泄完自己心中的怨气了。现在，我去接你下班，我们一起去吃点消夜吧！"

经过这件事，他们突然意识到：长期的愤怒不过是在积累怨恨，而感情会在这种积累中日益消磨殆尽。于是，他们定了一个每周"吵一次"的约定，将对对方的不满统统说出来，然后两个人一起协商解决问题，而不是独自生闷气。

他们通常选择采用 QQ 或微信等间接方式发泄不良情绪，以避免面对面争吵，因冲动而说出伤感情的话。通过几次实践，夫妻两人已经逐步学会了换位思考，以至于"无架可吵"，这足以表明"吵架日"取得了相当不错的沟通效果。

小刘与妻子都很外向，两个人的脾气也很相似——非常火暴，另外，他们还都有着极强的自尊心。这样性格的人组成的家庭，自然免不了争吵。虽然争吵的原因大多是生活中微不足道的小事，但是，他们一旦开始争吵，就会弄得狼烟四起，甚至口无遮拦，直至拳脚相向。争吵过后，两个人又因为心情欠佳而做什么事都打不起精神，且对对方依然不满，严重影响了正常的生活。当情绪稳定之后，他们互相检讨，想要避免或减少争吵的发生，两人就发誓要控制自己的坏脾气，然而"江山易改，本性难移"，他们最多遵守两天的"君子协议"后，就故态复萌了。

既然吵架在所难免，顺其自然是最无奈也是最有效的方式，问题在于应该怎样降低吵架带来的一系列负面影响呢？小刘苦苦思索，突然从戒烟日、环保日、卫生日及消费者权益保护日等中获得启迪：为什么不设个家庭"吵架日"，一个星期集中一天吵一次，将平时可能引起争吵的事件留到"吵架日"来说，彻底把不良情绪发泄出来？小刘的提议获得了妻子的大力支持。

经过一番商量，两个人把"吵架日"定在星期天的晚饭后、休息前。之后的日子小刘与妻子无论哪方情绪过于激动，想要争吵时，另一方就会立即提醒：今天不是"吵架日"！激动的一方听到后就会很快控制自己的情绪。自从规定"吵架日"后，他们在日常生活中很少发生争吵了。哪怕到了"吵架日"这一天，也极少发生难以控制的争吵场面。因为"吵架日"的制定使夫妻双方能够更好地管理自己的情绪，从而有效避免了夫妻之间感情沟通不良。

实际上，夫妻之间吵架在所难免，如果平时没有及时解决矛盾，当矛盾积攒到一定程度后，就会全面爆发，那么，很有可能对夫妻感情造成不可挽回的伤害。案例中提到的约定"吵架日"，无非是提倡有话好好说，帮助夫妻之间了解对方的真实想法，更好地化解矛盾。

当然，不只夫妻之间可以约定"吵架日"，朋友或亲人如果不能很好地处理日常矛盾，也可以约定"吵架日"，以便更好地宣泄情绪。

除了约定"吵架日"外，还有以下几种宣泄情绪的方法。

（1）大哭。当我们的心情处于非常压抑的状态时，可以大声哭出来。因为号啕大哭，能将不良情绪发泄出来，据有关研究表明，人们在哭过之后就会感到前所未有的轻松。

（2)K歌。K歌同样能起到宣泄情绪的作用。当心情郁闷的时候，约上自己的闺密或是好哥们儿找个KTV尽情地释放自己，通过高声歌唱把自己心里的苦闷都宣泄出来。

（3）游戏。玩游戏也是一种排解情绪的方式，它能很好地转移注意力，从而起到宣泄不良情绪的作用。因此，当心情不佳时，可以通过玩几款网络游戏来放松身心，愉悦自己，但是切忌沉迷其中。

（4）运动宣泄。当心情难过的时候，进行一些有氧运动是非常不错的选择，如爬山、打球、跑步等。运动不但能改善人的精神状态，也能很好地帮助人们发泄不良情绪。

把你的负面情绪写在纸上

我们可以通过很多方式释放情绪，如今非常流行一种简单且随意的方法——"把负面情绪写在纸上"。用笔在纸上写下引发负面情绪的原因，情绪就在书写的过程中得到充分的表达和宣泄，取而代之的是逐渐的解脱和放松。

生活中，我们每个人都需要表达情感，诉说自己的喜怒哀乐，而写下负面情绪是一种重要的排解忧虑、压力的方法。你只需要用笔在纸上写下自己无法解决的烦恼和忧愁，把它们变成看得见的东西。这一过程能够帮助自己冷静地思考问题，处理问题，因为书写的过程其实就是缓解紧张情绪，让人冷静和重新梳理思路的过程。

李华是一家贸易公司的职员，十几年来，兢兢业业。但是，最近他心情苦闷，因为那些和他同时进公司甚至比他晚进公司的同事，一个个都升职了，只有自己还待在原地等待渺茫的机会。因此，他已经很久无法打起精神工作，有一次甚至因为一点小事和领导争吵起来。

他说："我生气极了，下定决心要离开这个公司。在离开之前，我决定用红色的笔把我对公司、对领导的意见都写下来。但写着写着，我的心情慢慢平静下来，好像也没有那么生气和愤怒了。等写完后，我竟改变了离开的想法，默默地把纸收起来，并和一个老朋友谈论了这件事。"

那位朋友建议他，用另一种颜色的笔，在纸上一一列出领导的才能和优点，自己想晋升哪个职位、需要具备哪些素质，以及对未来有怎样的规划等问题；然后对比写有不同颜色字的纸。李华照做之后，已经不再愤怒，反而充满了对生活和工作的热情，他明白了自己为什么不能得到晋升以及接下来该如何努力。

通过这件事，李华发现了解决负面情绪的好方法。每当自己有什么想法或情绪的时候，他就会习惯性地将它们写在随身携带的纸上。他说："这是控制情绪既简单又安全的一种方法，每次我把它们写在纸上之后，就会感到解脱和放松，慢慢地，我越来越会调节自己的情绪了。"

　　我们都会在生活中遇到一些不顺心的事，但重要的是，我们如何对待这些烦恼。压抑情绪，将之埋藏在心底并不是一个好的方法，因此，要学会排解情绪。想把激动的情绪平复下来，可以把它适度地宣泄出来。老师、朋友、父母或者兄弟姐妹，都可以成为我们诉说的对象。但是由于各种各样的原因，有时候我们可能觉得对他人倾诉并不是很好和适宜的方法，那么写在纸上，就成为一种更便捷和安全的方式。这种方式，作为罗列分析的对象也好，作为对自己的倾诉也好，既能缓解紧张、浮躁、愁苦、愤怒等不良心情，梳理思路，又不会影响他人。

　　你有发泄情绪的自由，但不要自由地发泄到日常工作中。每个人都有情绪低落的时候。在上班之前遇到一件非常不愉快的事情，让你本来美好的心情一下子跌到了谷底；辛苦努力做出来的报表被上司指出很多错误，心情不免沮丧；接待的一个客户态度非常恶劣，即使你微笑服务，他还是对你吹毛求疵；等等。诸如此类的事情，我们可能经常遇到。有的人在遇到这种事情的时候会不分场合地随意发泄，闹得大家都不愉快。这样把个人情绪渗入工作和人际关系中，不仅让别人觉得你情商不高，影响个人形象，还会影响人际关系，影响职场前途，得不偿失。

　　李娜是一家外资企业的行政助理，人长得很漂亮，在公司里又是年龄最小的，所以大家都尽量帮助她。然而这样不但没有得到她的感激，反而使她变得越来越娇气。

一次，公司要筹划一个庆祝活动，需要邀请公司总部的重要领导参加。领导把组织筹划的任务交给李娜，希望她能把公司的活动办得体面又隆重。李娜不负众望，节目流程安排得有条不紊。但是，就在活动快要结束的时候，发生了一件意想不到的事情。

公司的销售经理是个心直口快的人，向她提出了活动的一些不尽如人意之处。李娜平时就对这个经理没有好感，对于经理的话，她非常反感又气愤，认为经理在故意针对她，于是和经理大吵了起来。经理觉得委屈，自己明明是好意，竟然招来一顿臭骂。两个人的吵闹惊动了参加活动的总部领导，结果，活动不得不中断。结局可想而知，因为和经理的吵闹让公司蒙羞，影响了公司形象，李娜受到了领导的严厉批评，还被处罚扣除薪金。

两个人没能进行良性沟通，导致双方情绪失控。而李娜的错误在于不够客观，对人不对事地看待工作，不分场合地任由情绪失控，做出了非常不得体的举动，还连累别人尝到苦果。更重要的是，她很可能因此招致他人对她印象的颠覆，为自己今后的工作带来麻烦。

闹情绪可以理解，但未必一定得到认同，把握的度就在于时机、场合和对象。恋人之间偶尔闹闹情绪，能够增加恋爱的情趣，增加彼此的了解，使感情更加深厚。但如果是在职场，闹情绪则是大忌。

英国诗人、思想家约翰·弥尔顿说："一个人如果能够控制自己的激情、欲望和恐惧，那他就胜过国王。"如果你无法控制你的负面情绪，不仅不利于你的事业发展，更不利于你和他人的人际关系。试想一下，谁会愿意跟一个不分场合、没有分寸、爱闹情绪的人在一起工作呢？现代社会讲求的就是团队合作，没有人有责任和义务来忍耐你、迁就你、顺从你。不克制自己的情绪而随便乱发脾气，只会让周围的人对你疏远，无法相互合作。

那么，我们该如何控制自己的情绪呢？

首先，避免急躁情绪，培养自己的耐心。工作中遇到矛盾摩擦，最好告诫自己不要马上发作，而应该深呼吸，稍微平息怒火和焦躁，同时设身处地地站在对方的角度去考虑问题，并积极寻找合理的解决办法。不分场合地闹情绪只会耽误事情，并且弄得自己很疲惫。所以，不妨冷静下来，考虑一下事情的轻重缓急。

其次，不要把生活中的不愉快带到工作中，也不要把对某件事、某个人的不满带到另一件事中和另一个人身上。有的人分不清工作和生活的界限，容易把生活中的小矛盾、小摩擦带到工作中，或者容易把上一个项目的负面情绪带到下一个项目中，这都是没有好好控制自己情绪的表现。情绪如果需要宣泄，对方式、场合和对象的选择一定要合理慎重，就事论事，不要将人和事混为一谈，否则很容易影响其他的人际关系，或是影响另一个工作项目和进程。

最后，锻炼自己应对突发事件的能力。工作中的负面情绪一般都是面对突发事件，却不能找到好的办法应对时爆发。所以，要适当锻炼自己面对突发事件时的情绪管理能力和把控事件走向的能力，做到冷静处理，从容应对。

情绪坏时，不妨到有阳光的地方走走

心理学家指出，多晒太阳对人们改善心情有好处。特别是寒冷的冬季，人们会在难得的暖阳里感到通体舒畅或情绪高涨。科学研究表明，在阳春三月的天气里，人们的想法更积极向上，甚至一些抑郁症患者也能在温暖的阳光下获得更有效的治疗。

阳光普照大地，对所有人和动植物都一视同仁，地球上的每一种生物都能感受到阳光的温暖，都能无限制地享受阳光的抚慰，人们在温暖的阳光下也会变得更有朝气与活力。

宋玲和冯啸结婚五年，感情稳定。然而，最初的浪漫和甜蜜已在柴米油盐的生活中消耗殆尽。刚结婚时，两个人贷款在市中心买了一套两居室，因为平时生活比较节俭，日子过得还算轻松。然而，婆婆突然被查出患有尿毒症，他们二人微薄的工资不仅面临着房贷，还要为婆婆治病，生活顿时捉襟见肘。他们结束一天的辛勤工作后，不得不加班或做兼职，不要说休闲娱乐，就连放松的休息也没有了。

以往休闲时刻的采购和散步能够让他们在业余时间的美好氛围里分享生活及工作的心得，可以在沿河花园里沐浴阳光，欣赏美景，更可以因为良好的沟通而增进感情，提升感受幸福的能力，可是这些美好一去不复返。日益沉重的生活压力，让两个人每天只能疲惫茫然地看着电视不知所云，甚至有时候，一句话不对就会大吵大闹。

一个星期五的晚上，冯啸面临着医院又一次催缴药费，他心烦意乱地回到漆黑一片的家里，原本以为宋玲还在加班，就扔下外套和包，走进卧室直接往床上一躺，却刚好砸在宋玲的身上，将睡得正沉的宋玲砸醒了。满腹委屈的宋玲对着冯啸就是一顿痛骂。她受够了这样周而复始、宛如行尸走肉般的生活，只是为了填补那永远也填不够的房贷和医药费，连睡一个踏实觉都成了奢望。

冯啸惊讶极了，他一时间不知道该怎么安慰妻子。他开始反思这么长时间以来的婚姻生活，发现自己带给妻子的几乎都是苦日子，妻子一直任劳任怨，却很少抱怨，甚至比他还要拼命地赚钱，共同的生活让他忽略了妻子也只是个小女人，需要呵护和体贴。他回想起两个人的相识相知、恋爱结婚，突然想到，他已经很久没有看见她的娇憨和恬淡，她常常眉头紧锁，唉声叹气，没有要求，也没有情趣。

第二天清晨，阳光正好，冯啸拦住打算去面试新兼职的宋玲，和她一起出去吃了早饭，又走上了那条熟悉的石子路。他对妻子说可以考虑先把现在住着的这套房子租出去，然后租一处便宜些的小房子，这样经济压力一下就减轻了，办法总是会有的，他已经认识到牺牲两个人的生活疲于奔命只会带来更多伤害，让他们失去更多，所以他会更体贴她，不想再让她受更多的苦……

宋玲的心情平静下来，发现自己需要的并不多，就算再辛苦，只要能偶尔出来走走，享受一下繁忙疲惫生活后的悠闲时刻，能停下奔忙的脚步让心休息一下，她就不会被生活压力击垮，不会那么委屈绝望。

如今，生活节奏日益加快，尤其在大城市里，宋玲和冯啸这样的夫妻可以说并不少见，他们原本的梦想或激情被无奈的现实一点点地消磨殆尽，想要获得一点放松的空间都变成了奢望。没有人会拒绝让自己精神愉悦的美景或活动，然而，他们都因各种各样的生活压力而无法去享受这些美好的事。那么，想要排解自己的精神压力，在阳光下散步，在清风中呼吸可谓最方便实惠又最行之有效的放松方式了。

实际上，温暖的太阳对情绪的缓解作用不仅体现在心理上，也体现在人体对阳光产生的直接生理反应上。有关医学研究发现，太阳光对 5- 羟色胺在人体中的合成有很大的益处。5- 羟色胺又叫血清素，它能增强人体的副交感神经活动，调整人的思想情绪；人体在阳光的照射下会出现热效应，毛细血管得以扩张，血液循环速度加快，血液中血红蛋白、钙、磷及镁等含量升高；人的眼睛与神经纤维感受到柔和阳光的时候，肾上腺素、甲状腺素及性激素的分泌量都有不同程度的增加，从而唤醒人体外周淋巴细胞的活力，有效减少不良情绪的发生。

所以，在生活中，如果情绪低落或有一些难以排解的烦恼，不妨走到太阳下，享受一下"日光浴"，洗去不愉快的心情。

在生命的进程中，我们总是会遭遇各种未知和不尽如人意的事情，有时快到手的订单被对手抢走了，或者孩子考试又不及格，或者被领导无缘无故批评了一顿，再或者是没考入心仪的学校……消极悲愤的情绪随时可能产生，不仅破坏我们的身心健康，更使我们无法淡定从容地应对生活。

如果我们能保持一颗平稳的心，一切问题对我们而言就都不再是难过的坎。一言以蔽之，懂得如何处理好自己情绪的人，自然懂得如何处理好生活。

第四章

眼界要宽，境界要大
——格局决定结局

每个人都有一种格局，也就是一个目标、一种气势、一种坚持。格局并不是与生俱来，而是后天形成的。大格局的人拥有一种境界，能够以坚韧的毅力冲破看似难以逾越的险阻；大格局的人拥有一种高度，身在最高层而不畏浮云遮望眼；大格局的人拥有一种韧劲，咬定青山不放松，坚持到底。

心中有"局"，人生有戏

我们常常听到对一个人的高度赞誉：××非常有格局。

这里的"格局"很显然不是指一个空间或物体的结构和布局，而是形容一个人的眼界和心胸，即一个人对自己与他人、外物及彼此关系和结果的认知程度与认知能力。不同的人，因为出身、学识、经历等方面的不同，对事物的认知范围不同，所以格局就不一样。

下围棋的人都懂得把握"大局"，心中无大局，必败无疑。正所谓"不谋万世者不足谋一时，不谋全局者不足谋一域"，只会盯着眼前蝇虫利益的人，自然看不到远处走过的大象和高空飞翔的雄鹰。只有眼里心里有经纬，才能站得高，看得远，才能运筹帷幄。所以如果你想有所成就，就一定要培养自己的格局意识。

心中有"局"，人生才有戏——需要高度，也需要广度，正所谓登高才能望远。

每个人都会因为出身、学历等原因，具有一定的眼光，但是这种眼光又因为年龄和阅历的不同、所处的身份不同，具有相应的局限性。我们常说"人无远虑，必有近忧"，如果只盯着眼前看，势必眼界短浅；如果能长远考虑，有些事情很可能在未来具有很高的价值，那么眼前的一些利益损失就可以不计较甚至完全忽略，因为未来带来的收获非常可观。况且，事物是在曲折中发展的，人们对事物的认识也是在探索中前进的，把目光放得长远一点，即使事物纷繁芜杂，依然分得清高低贵贱、轻重缓急，梳理好条理，掌握好节奏，自然不会被一叶障目了。

随着年龄和阅历的增加，人们对生命的体验加深，对很多事情的考虑开始纵向发展，不仅能够拨开事物的表象，去探究事物的内核与本质，还能够理性地思考自己和他人、和客观世界的关系及其关系的横向发展，这是一个人成熟的标志。一旦他拥有了这样的能力，那么他就有足够的心态和智慧去面对周围发生的事情，就能够处变不惊，泰山崩于前而面色不改。

怎样才能培养自己的格局意识呢？或者说，培养格局意识到底应该从哪些方面入手呢？既然"格局"说的是对自己、外物的认知及对自己与外物关系和结果的认知，那么培养格局意识就要内外双修，对内能认清自己，对外则能把对物质条件的追求和满足平衡在一个适宜的程度上。古今中外，无数历史现实的事例告诉我们，一个有格局的人，能够不计较细枝末节，愿意舍弃小我利益，懂得周全考虑他人，能够临危不乱，所以很多问题在他们手里都能迎刃而解。所有这些都说明，格局，往往和见识、眼光、爱心、责任心、胆量、使命感、智慧等有关。

在美国，有一位被人们称为"红色资本家"的著名企业家——阿曼德·哈默。

阿曼德·哈默的一生充满了传奇色彩。他涉足的领域之广，令很多企业家自愧不如；他创造的财富王国，令很多企业家望尘莫及；而他与著名政治领导人物的关系，更令许多企业家羡慕不已。

但哈默并非出身名门望族，他的财富王国是他自己一点一点打拼出来的。哈默16岁时，无意中从报纸上看到了一则招工广告：一家糖果商需要送货员，酬金是每天20美元，条件是必须自备运输工具——汽车。他向哥哥借钱买了一辆二手车，去做送货员，就这样赚得了人生的第一桶金，不仅还清了借哥哥的钱，还买了自己的汽车，钱包里的钱也越来越多。

哈默在哥伦比亚医学院就读期间，父亲投资的制药公司濒临破产。父亲不想就此放弃，可是自己身体不好，只好决定让哈默在不退学的情况下，出任公司的总经理。哈默大刀阔斧，先为公司改了一个响亮的名字——联合化学制药公司，又组织了一支精干的推销员队伍。经过一段时间的努力，公司不仅走出了濒临破产的困境，还跻身大制药企业的行列。哈默个人因此成为闻名全国的"百万富翁大学生"。而且他的学业并未因忙于生意而荒废，他成绩优异，大多数科目的考试成绩是"A"，被评为毕业班里"最有前途的学生"。原来，他分身乏术，无法在白天上课，就以免费提供食宿为条件，请了一个家境贫困而学习优异的同学和他同住，这位同学需要做的是每节课都去上，并且做大量的笔记，晚上带回来给哈默，供哈默应付考试和论文。

哈默与政界人物的结缘以及借大局成就其事业，始于他的苏联之行。

1921年，刚刚获得医学博士学位的哈默做出了一个影响了他一生的决定——去苏联访问。

哈默的苏联之行大有破釜沉舟之势，他卖掉了制药公司，还购置了大量的药品和医疗设备，他要给父亲的祖国带去礼物。

在乌拉尔地区考察时，哈默发现了一个令他困惑而又很感兴趣的现象：这个地区一方面蕴藏着巨大的宝藏，白金、宝石、毛皮等贵重物品应有尽有；另一方面饥荒严重，饿殍遍野，甚至缺乏最起码的生活必需品。

进一步的调查使哈默明白了其中的原因：在外，当时的苏维埃政权刚刚被解除封锁，再加上意识形态的差异，还未与外界建立贸易关系；在内，政府忙于新政权的建设，经济建设刚刚起步，列宁的新经济政策刚刚开始实施。哈默还了解到，那一年美国粮食大丰收，于是他想到把这些白金、宝石、毛皮等贵重物品出口到美国，再换回粮食。他的建议很快就上传到列宁那里。心忧百姓的列宁被哈默感动了，很快答复哈默：同意并立即实施哈默的想法。哈默与列宁的友谊也始于此。

哈默在苏联一待就是十年，在这十年里，哈默投资苏联矿业，帮苏联人建铅笔厂等，同时也积累了自己的财富……

哈默最终能够利用他的苏联之行发迹，是因为他不仅仅是一名医学博士，还是一名商人，他用商人的眼光去审视苏联国内、国际形势，看到了巨大的商机，于是，他借国际形势的大局成就了他的事业。

从苏联回到美国的哈默继续演绎着他的财富神话。

20 世纪 30 年代，整个西方世界都陷入了经济危机的泥淖，美国也难逃此劫。当美国人都沉浸于悲痛绝望之时，哈默却看到了希望：他认为主张新政的罗斯福问鼎白宫的可能性最大，一旦罗斯福主政白宫，推行他的新政，那么，1919年颁布的禁酒令将被废除，届时，全美对啤酒和威士忌的需求将激增，酒桶数量也会呈现出空前的需求，而当时市场上却没有酒桶出售……

哈默当机立断，先下手为强，投资制桶业，成立自己的酒桶制造厂。历史再次证明了哈默的远见卓识。罗斯福当选新总统，禁酒令被废除，哈默的酒桶被各制酒商高价抢购一空。哈默并未满足，又涉足酿酒业，他缔造的丹特牌威士忌酒一跃成为全美一流名酒。

哈默再次凭着他的大局观，为他的财富王国添砖加瓦。

此后，哈默又涉足养殖业、石油业，继续上演他的不败传奇。他养种牛能从一个门外汉演变成种牛业公认的领袖；他创办的石油公司作为后起之秀，不仅能从当时被西方七大石油公司把持的市场蛋糕中切下一块，还紧随七强之后，改写了七大石油公司统领世界石油市场的历史。

哈默是个很有勇气的人，所以他敢于向哥哥借钱，也敢于尝试新的公司营销方法，甚至破釜沉舟卖掉公司去苏联。他也是个有见识和眼光的人，所以能从一则小小的招工广告中看到发展机遇，能在苏联把自己的事业做大，更能看到经济走向，创造自己的财富王国。他也是具有责任心和使命感的人，他之所以能为苏维埃政权提供生产生活必需品，就在于他心系人民疾苦。而这些都是"大格局"的智慧。

从哈默的成功中，我们发现，一个人想要有所建树，必须具备很多素质，他要有胆量而不蛮干，有眼光和见识而不自满骄傲，有责任心和使命感而不骄矜跋扈；他要能够心怀大局，大处着眼，小处着手，认清自己与他人和客观世界的优势，剔除表象的迷惑和多余的信息，抓住事物的本质，同时有善假于物的智慧，从而聚制胜之利箭，一击即中。

提升实力和自我气场

作为一个普通人，没有实力，你就难以挺直腰杆！如果你挺不直腰杆，又何来半点气场？所以，实力和底蕴决定一个人的气场。

我们一定要记住，要想真正地提升气场，就必须增加你的实力。没有实力，就像没有根的树，外在枝叶看起来再茂盛，也会很快枯萎。

在提升气场方面，有一个榜样值得我们学习，他就是周恩来总理。周总理站立的时候，和别人有点不同，右臂稍微弯曲，并且放在身前。很多人以为这是风度和魅力的表现，其实，周总理的右臂弯曲是因为骨折没有愈合好。但是，这点小"瑕疵"并不影响他的魅力，因为他的实力已经征服了别人，所以"瑕疵"也成了气场强大的表现。

在不断提升自己的时候，不要陷入气场修正的怪圈。如果为了提高气场而刻意模仿，就会面临失去自我的危险，这是很可怕的。

记住，鹦鹉学舌是不能达到提升气场的目的的。气场是内在修养、外在行为、待人接物及人品性格等的综合表现。我们要知道，一切外在改善只是装腔作势，而内在的实力和底蕴才是气场的根基。一个失去自我的人，是无论如何都不会有气场的。我们要想明白，打造自己的气场，到底是为了什么。是让自己拥有更好的生活？拥有更多成功的机会？拥有更多的朋友？……想明白自己要的究竟是什么，才能更明确努力的方向。

如果你想要提高自己的气场，可以通过下面几个方面来修炼自己。

1. 塑造你的主要性格

一个人的主要性格是这个人的个性标签。每当看到这个人，大家就会对其有一个最突出、最明显的印象，而且通常是个好印象。比如，如果你是急性子，别人对你的评价不仅仅是急性子，还有急性子背后的果断和执行的爆发力。如果你是慢性子，那么，别人对你的评价不是磨叽，而是细致、思虑周全。所以，你要根据你的个性，打造你的主要性格。

2. 读书与思考——一个人不懂得思考，就等于失去了灵魂

只依靠别人的思维生活，就算经历再多，最终还是一块被改写的黑板。如果你懂得思考，就等于拥有了储蓄库，越积累，内涵就越丰富。当然，可能你的经历很少，但不要紧，阅读会弥补你经历不足的缺陷，因为阅读是间接经历人生的一种方式。

3. 培养一项拿得出手的本事

不管你性格怎样，穿着如何，但有一样不可缺失，那就是要有一项拿得出手的本事，而且这个本事能为你换来实用价值。你掌握了一项专业技能，并且能够在这个专业上超越很多人，那么你就有了底气。气场从来不是"华而不实"的空洞词汇，相反，它是你内在实力的真实呈现。记住，实力永远都是别人重视你的关键因素！

4. 寻找一种提升气场的环境

气场不是一两个月就可以养成的，而是需要几年或者更长的时间逐步改善。一个大学毕业后在家当家庭主妇的女性，和一个大学毕业后步入职场的女性肯定有很人的不同。这种不同不是一天就显现出来的，而是在潜移默化中形成的。所以，想要成为什么样的人，就去寻找相应的环境。寻找你想要成为的那种人，并且与他做朋友。

5. 注重你的形象

现代的生活节奏太快，形象往往是一个人气场表达的第一关。所以，如果你的形象不好，那么你就会被别人冷落和忽视，常常被人放在角落，不被重视。当然，不管你以什么形象示人，首要的形象都应该是整洁、大方、不做作、不夸张。

用热情为自己的人脉鼓劲

岁月流逝，一去不复返，如果我们的内心随之失去了热情，那就损伤了气场的灵魂。作为一个普通人，要想达到人生的巅峰，我们必须拥有将梦想转化为现实的热情。每个人的气场都具有一定的特性，是冷是暖，就看你是否拥有一颗热情的心。

一个心怀热情的人，不论他从事什么工作，都会认为自己的工作是神圣、不可或缺的，而且会怀着浓厚的兴趣去完成它。我们在工作的时候，不论遇到什么困难，不论需要付出多少努力，都应该保持不急不躁却热情洋溢的态度。美国思想家、诗人爱默生有这样一句话："有史以来，没有任何一件伟大的事业不是因为热情而成功的。"

著名的发明家爱迪生也是一名很成功的企业负责人，他在工作的过程中能用自己巨大的热情去感染员工。他本人十分崇尚实干，通常干起活来废寝忘食，他的员工们也和他一样，在很多时候都忘记下班。

员工们工作这么卖力，并不单单是为了奖励，更为重要的是，大家对自己的工作都有很大的热情，没有一个人感到自己是在为老板卖命。

爱迪生是公认的天才，可是他并没有把自己封闭起来，他亲自来到工人之中，在乒乒乓乓的敲打声和刺耳的电锯声中开动他那非凡的大脑。同时，他也让工人们参与到每一项创造发明的过程中，使每个人都能得到展示自己聪明才智的机会。

他们的干劲让企业发展充满了生机，企业发展的良好形势又加倍激励着他们。爱迪生凭借自身对工作的热情征服了员工们。

曾经有人说："随着年龄的增长，我领悟到了热情是成功的秘诀。如果两个人各方面条件都差不多，那么饱含热情的人更能得偿所愿。虽然一个人的能力可能不足，可是他要是热情地对待自己的工作，通常会胜过能力高强但欠缺热情的人。"

热情并不只是表面功夫，它源于我们的内心，来自我们的气场深处，通常情况下，一个人究竟是热情还是淡漠，都能从其行为上得到体现，这是隐瞒不住的。比如，当跟他人握手时，我们要紧紧地握住对方的手说"我很荣幸能认识你"或"我很高兴再见到你"。如若没有力气，畏畏缩缩，那会让人觉得"这家伙死气沉沉"。我们应该每时每刻都让热情占据自己，消除抑郁和自卑。

曾经有一个人总是用自卑和焦虑的心态面对生活，他几乎对自己的事业感到绝望，可是在经过心理医生的治疗之后，他开始尝试着热情地对待生活，终于让自己的事业有了起色，而且重新获得了快乐。对于自己这一段大起大落的经历，他感慨良多，认为自己得到了一个深刻的教训。他体会到要打破绝望，最应该去做的一件事情，就是改造自己，让自己重新对生活和工作产生热情，热情地去做每件事，让热情伴随自己的生活。正是经过这样的不断训练，那些沮丧、烦恼被赶了出去，他重新得到了满意的生活。

作为普通人，我们在为人处世中，试着以热情的心和人交往吧，这会让别人觉得我们可信，也能让别人感受到我们对他的尊重。这样，别人就会乐意和我们交往，乐意与我们深交，从而为我们的人脉气场增添一份力量。

要勇敢地承担起责任

古时候，有两个放羊的小孩在一起放羊，结果把羊弄丢了。主人就问他们为什么把羊弄丢了。他先问大一点的孩子，大孩子说，因为自己看书入了迷，才导致羊走丢了。他又问小一点的孩子，小孩子说，自己跑去山那边玩，便把放羊的事给忘了。

对于这两个孩子的失职，很多人都会认为，虽然是两个孩子把羊弄丢的，但一个是为了读书，另一个是因为贪玩，所以前者值得谅解，后者应该受到重罚。但是，如果从责任感的角度出发，虽然两个孩子误事的缘由不同，但性质是一样的，即他们都不专注于自己的本职工作。

人从一出生，就有了责任——活着的责任，这是对生命的忠诚。责任不是一种强加的义务，而是生命和牛活对人的基本要求。无论你有着怎样的地位，扮演着怎样的角色，都有无法推卸的责任。不负责任的行为，必然会破坏你的气场和能量，所以，只有当你勇敢地承担起你的责任，你的气场才会变得更加迷人。

道格拉斯·麦克阿瑟出身贵族家庭，从小母亲就向他灌输一些名利至上的思想，所以他总是一方面表现出强烈的求胜欲和野心，另一方面却总是轻视和忽略那些看似平凡的东西。

1903年，年纪轻轻的麦克阿瑟从美国陆军军官学校（西点军校）毕业，他准备好好施展自己的才能，大干一场。不过学校却只将他分配到工兵部服役，并安排他在一家矿井上班。这项枯燥的工作让他觉得难以忍受，他不觉得自己在这里能有什么发展前途，所以很多时候，他都漫不经心地应付了事。

之后的一年，他又被派往菲律宾执行任务，表现不错的他不久便被调回国内，在一所工程兵学校深造。这时，他对枯燥的学习感到厌倦，转而对那些形形色色的社交活动表现出强烈的兴趣。麦克阿瑟根本就忘记了自己的学业和使命，成天沉醉在社交活动带来的喜悦中。学校的校长温格斯对此相当不满，他认为麦克阿瑟是一个没有责任心的军人，为此他向麦克阿瑟所在部队的领导抱怨："麦克阿瑟中尉表现平平，缺乏责任心，比西点军校的履历表上所记载的要低能得多。"

从工程兵学校毕业后，麦克阿瑟被分配到密尔沃基工作，无聊的工作让他无精打采，因此他常常擅离职守，躲到附近的家中休息。他的上司了解了情况后，对他的行为大为恼火，于是毫不留情地将其调任，并在鉴定书上写着："他除了相貌英俊、仪表堂堂以外，没有任何优点，他无法履行职责，承担责任。"

看到这样的评语，麦克阿瑟非常生气，他觉得自己一直都表现不错，应付这些简单的工作绰绰有余。于是，他在调任后决定向上级汇报此事。他怒气冲冲地将自己的意见书交给总工程师马歇尔中将。马歇尔在看到意见书后，非常气愤，一方面他认为麦克阿瑟身为军人却越级报告，这是对军规的蔑视；另一方面他不该在工作时间跑去做其他的事。最后马歇尔中将退回了意见书，并对麦克阿瑟进行了严厉处罚。

经历了这么多，麦克阿瑟终于醒悟过来，他明白自己虽然能力突出，却一直都不懂得去承担自己的责任，他也明白了能力和态度完全是两回事。从此以后，年轻气盛的麦克阿瑟渐渐变得成熟稳重起来，而且也变得非常具有责任心，并最终成为一名伟大的将领。

美国小说家马克·吐温说："我们生到这个世界上来是为了一个聪明而高尚的目的，必须好好地尽我们的责任。"一个有担当的人，从来不会推卸自己的责任，因为那是懦夫的行为。在负起责任的时候，你的气场会瞬间强大。试图采取欺骗手段来掩盖错误，逃脱责罚，虽然可能获得短暂的成功，但当事情的真相浮出水面，你的形象会一落千丈，再难获得认同。所以，一个逃避和推卸责任的人，必将会为此付出巨大的代价。

哈佛大学优秀毕业生、美国前总统贝拉克·侯赛因·奥巴马说过："如今，我们面对的是一个全新的责任时代，人人都须重视。我们对自己、对我们的国家乃至整个世界，都有一份责任。我们欣然接受这份责任，人生也正因此而充实。"

不论何时，不论是对自己、对家庭、对社会，还是对国家，责任感都是不可或缺的。只有负起责任，我们才能找到滋养生命的源泉。

会抬头，也要学会适时地低头

有一句话说得好："唯有低头，才能出头。"一个总是昂着头大步向前的人，一不留神，就会摔得鼻青脸肿，头破血流。那些高高在上的人，虽然气场强大，但往往很孤独，因为无人敢和他们同行，也无人愿和他们同行。正如古代的皇帝，因为权压众人，所以孤独，正应了他那"寡人"之称。所以，哪怕你是个位高权重的"高人"，也不要总表现出一副不可一世的样子，否则，不但知己难寻，更可怕的是"暗箭难防"。

印度有一所佛学院，每当新生走进教室，都必须先通过一扇只有 1.5 米高、0.4 米宽的小门。新生们是无法抬头挺胸走进去的，每次都只有低头侧身，才能勉强通过。这是学院别出心裁地为学生们进行的一次受益的教育，让他们懂得今后的人生道路上还有很多这样的"小门"，唯有做到低下头颅、放低姿态，才能顺利通行。

对于我们这些普通人来说，人生在世，总有很多不得不低头的情况发生。所以，该低头时便低头，这不是卑微，也不是屈服，而是为了更好地处理危机。放低姿态，实际上也是一种低调。低调行事，往往比高调行事更容易成功。因为低调才能不那么引人注目，才能在相对稳定的环境里做事。

比尔·盖茨曾经这样忠告年轻人："卖汉堡并不会有损你的尊严。"同样，当你放低身价，你就捍卫了别人的尊严，也就维护了自己的尊严。放低姿态，就是一种低调处世的行事风格。很多人之所以拥有迷人的气场，就是在低调的过程中蓄积起来的。所谓的厚积薄发，也需要低调的土壤。所以，生活中，我们不妨放低姿态，低调做人。

一个胸怀宽广的人，不会太计较个人得失，不会过于在意自己的面子。而那些太在意自己面子的人，是很难放低姿态的，因为他们会有屈辱感。可正是因为他们不肯放低姿态，计较太多所谓的自尊，才导致他们容易失去自尊。当你放宽胸怀，拥有平和的心态时，你就会很客观地看待尊严问题，会懂得怎样维护别人和自己的尊严。这样的你，才不会因为放低姿态而觉得没面子。

一个人的个性影响他的行为能力。一个生性要强的人，别说让他主动放低姿态，就是劝他稍微低低头都很困难。所以，如果你是性格好胜的人，不妨稍微收敛一下自己的个性，让自己变得圆润一些。一旦人的个性线条柔和下来，他就不会再偏执，就会在适当的时候放下面子，为了更重要的事情做一些妥协。

一个有亲和力的人，会让人不知不觉想亲近，因为他不会在无形中给人制造距离感，哪怕他是一个名人，也不会让人有高高在上、高不可攀的感觉。当然，亲和力并不是天生的，说穿了，你只有把内心的地位观念淡化掉，才会表现出真正的平易近人。所以，一个具有亲和力的人本身就是低调的人。

传统观念认为，放低姿态就是对人服软，这是错误的观念。对于我们这些普通人而言，放低姿态其实是一种对抗危机的智慧之举，它虽然一时有损你的"面子"，却不会损害你的其他利益，而且有助于你未来的发展。一个不懂放低姿态而高调行事的人，很容易成为众矢之的，这样的人，永远只能孤军作战。

学会掌控自己的脾气

仪态需要保持，气场需要修炼，任何一种有损仪态的行为，都会被视为破坏气场的隐患，如发脾气。爱默生说："凡有良好教养的人都有一原则：勿发脾气。"

很多人习惯把诸如"戒怒""制怒"等词语用作警示，或者高高悬挂于墙壁，或者制成铭牌放到桌前，或者牢记于心，时时提醒自己不要冲动。但却总是事与愿违，这些总想着远离怒火的人，往往会一不小心就大发雷霆，事后还会给自己找一个"是可忍孰不可忍"的借口。

英国文学家培根说："无论你怎样地表示愤怒，都不要做出任何无法挽回的事来。"这句话中的一个"做"字一针见血地指出了制怒的关键。想让自己做个温文尔雅而不是脾气火暴的人，关键不是如何想、如何打算，而是如何真正地执行。

很多时候，人们习惯用愤怒来表达自己的情感，用愤怒来解决矛盾。一些人认为"以暴制暴"是非常有效的方法。诚然，在某些时候，这种方法确实能很快达到目的，但其中存在的隐患也成了积郁在众人心头的定时炸弹，一旦爆发出来，就会像核裂变一样彻底形成连锁反应，一发不可收拾。

在气场修炼的过程中，我们要学会用行之有效的方法来释放愤怒，而不是一味地压抑自己的情绪，不停地告诉自己"不要发火"。压抑愤怒有时可能会起作用，但也在自己心中形成了一颗小小的愤怒的种子，如果种子得到了足够的养分，生根发芽，结果会非常可怕。

不能过分压制自己，也不能肆意发泄怒火，那么我们需要另辟蹊径，学着用其他方式婉转、迂回地应对。比如，在准备发怒之前，先问自己几个问题：发生什么了？这是最严重的后果吗？有没有其他补救的方式？

通过这种自问自答，我们首先会形成一个"还有办法可以补救"的意识，这样可以在很大程度上缓解我们的愤怒，也因为把精力转移到了思考补救方法上面，而暂时忘记愤怒的存在。有了办法，解决了问题，这个时候我们再回过头去看自己的愤怒，会觉得当时的愤怒是那样可笑。

就算我们遇到的问题没有任何挽回余地，这就是不得不发火的理由了吗？这时候与其用愤怒来发泄，不如想想是否可以在其他方面把损失补偿回来。或者，我们干脆这样告诉自己：发脾气，不但影响形象，甚至影响人际关系。有时间用发火来损害自己的利益，为什么不用这些时间来赚取更多的财富呢？

聪明的人会想办法保持自己的形象，会尽力塑造更好的形象。只有愚蠢的人才会不计得失地破坏自己在别人眼中的形象。世界上最难逾越的高峰叫作"自我"，征服了自我，便征服了一切。气场修炼十分不易，千万不要因为一时冲动，让愤怒毁掉之前所有的刻苦努力。

少一分虚荣就少一分嫉妒

虚荣心是一种扭曲了的自尊心。自尊心追求的是真实的荣誉，而虚荣心追求的是虚假的荣誉。存在嫉妒心理的人，死要面子，不愿意别人超过自己，以贬低别人来抬高自己，这正是一种虚荣、一种空虚心理的需要。单纯的虚荣心与嫉妒心理相比，还是比较好克服的。而二者又紧密相连，相辅相成。所以克服一分虚荣心就会少一分嫉妒。

虚荣是由世人用偏见编织的美丽陷阱，唯有心灵宁静的人才能远离这个陷阱。

所谓虚荣心，是指一个人借用外在的、表面的或他人的荣光来弥补自己内在的、实质的不足，以期赢得别人和社会的注意和尊重。

虚荣心是自尊心的过分表现，是为了取得荣誉和引起注意而表现出来的一种不正常的社会情感，是一种很复杂的心理现象。法国哲学家柏格森这样说过："虚荣心很难说是一种恶行，然而一切恶行都围绕虚荣心而生，都不过是满足虚荣心的手段。"

有个人做生意失败了，但是他仍然极力维持原有的排场，唯恐别人看出他的失意。为了能东山再起，他经常请人吃饭，拉拢关系。宴会时，他租用私家车去接宾客，并请了两个钟点工扮作女佣，佳肴一道道地端上，他以严厉的眼光制止自己久已不知肉味的孩子抢菜。前一瓶酒尚未喝完，他已"砰"地打开柜中最后一瓶XO。当那些心知肚明的客人酒足饭饱告辞离去时，每一个人都热情地致谢，并露出同情的目光，却没有一个人主动提出帮助他。那些客人理所当然地享用着美食美酒，而他用虚荣心撑起的颜面终究一文不值。

希望博得他人认可是一种无可厚非的正常心理，然而，人们在获得了一定的认可后总是希望获得更多的认可。人在一生中常常会为了寻求他人的认可而生活在爱慕虚荣的牢笼里。

如果你想获得幸福，就必须将这种获得他人认可的虚荣心从你的生命中根除掉。这种虚荣心是心理上的死胡同，绝不可能使你从中得到任何好处，相反，它会让你困难重重，越陷越深，难以自拔。

虚荣心作为一种普遍心理，已成为人性中根深蒂固、难以根除的心理弱点。那么，有什么方法能够趋利避害，把它利用到好的地方去呢？现代心理学家的研究表明：对于虚荣心，切不可从破坏它入手，而应该把重点放在改善它、诱导它走向有利的地方去，让虚荣心这一人际正常交往中的障碍为己所用。

对于个体而言，人们要及时对自己的虚荣心进行积极的调适。

（1）把握好攀比的尺度。比较是人们常有的社会心理，但要把握好攀比的方向、范围与程度。从方向上讲，要多立足于社会价值而不是个人价值的比较，如比一比个人在学校和单位的地位、价值与贡献，而不是只看到个人工资收入、待遇的高低；从范围上讲，要立足于健康的而不是病态的比较，要比成绩，比干劲，比投入，而不是贪图虚名，嫉妒他人，表现自己。

（2）重视榜样的力量。从名人传记、名人名言中，从现实生活中，寻找榜样，努力完善人格，做一个"实事求是，不自以为是"的人。

（3）做好自己，不要受制于别人的评价。别人的议论、他人的优越条件，都不应当是影响自己进步的外因，决定需要的是自己的努力。只有拥有这样的自信和自强，才不会被虚荣心所驱使，才能成为一个高尚的人。

从苦难中获取人生财富

生活中，我们会发现，那些具有人格魅力的人，往往比那些拥有巨大财富的人更容易令人仰慕。由此可见，品格能决定一个人的气场，品格能代表一个人的形象。那么，优秀的品格从何而来呢？如果仔细观察，我们不难发现，大多品格高尚的人，都经历过苦难。也就是说，他们的品格是在经历苦难的过程中得到磨炼的。

正如《圣经·新约》里所写的："你们落在百般试炼中，都要以之为大喜乐；因为知道你们的信心经过试验，就生忍耐。但忍耐也当成功，使你们成全完备，毫无缺欠。"身为普通人，我们如果不是具有伟大的信仰，就很难经过苦难的磨砺；如果没有经过苦难的磨砺，就很难拥有高贵的品格。

人们常说："苦难是人生的一笔财富。"虽然这只是一句鼓舞人心的话语，但推敲起来不无道理。试想，苦难本身，总是带给人们不幸，但是，当我们经受住了这种不幸，岂不是另一种幸运？因为，毕竟不是每个人都能承受得起苦难的。所以，能经受住苦难的人，才会懂得苦难的现实意义，才会因为这些苦难，让自己变得更坚强，让品格变得更高尚。正如古罗马政治家塞涅卡所说："没有谁比从未遇到过苦难的人更加不幸，因为他从未有机会检验自己的能力。"

在一次名流们的聚会上，一些小有名气的实业家和明星聚在一起，谈笑风生，著名的汽车商约翰·艾顿就是其中之一。艾顿和一位朋友，也就是后来成为英国首相的丘吉尔先生相谈甚欢，他向丘吉尔讲述了自己的过去。

艾顿出生在一个穷困的偏僻小镇，父母很早就离开了人世，姐姐靠帮人洗衣服、做家务辛苦挣钱，把他抚养成人。可是，不幸再一次降临。姐姐嫁人后，姐夫将他赶到了舅舅家，而舅妈是个吝啬无情的人，对他极其刻薄。在他读书期间，舅妈规定他每天只能吃一餐，还必须付出劳动才能获得，既要收拾舅舅家的马厩，也要负责剪草坪。后来，他好不容易可以自立，脱离了舅妈的管制，便去当了学徒。刚开始，他的酬劳低到连房子也租不起，所以，在一年多的时间里，他都躲在郊外一处废旧的仓库里……

丘吉尔听了艾顿的苦难往事，感到十分惊讶："如此不可思议，可是从前没听你提到过这些。"艾顿笑着回答："这有什么好说的呢？正在受苦或努力摆脱苦难的人，是没有权利和时间去诉苦的。"丘吉尔看着淡然的艾顿，心中充满了无限的敬意。因为在面前这个人身上，早已找不出历经苦难的痕迹，取而代之的是气定神闲的优雅与淡泊。这时，艾顿又开口说道："我相信，苦难在我这里是一笔财富。不过，并不是所有的苦难都会变成财富，它的转化是有条件的，这个条件就是，你必须战胜苦难并远离苦难，避免自己再受苦。唯有做到这些，苦难才能称为你的一笔人生财富。而且，最重要的是，不要动不动就向别人大倒苦水、大念苦经，因为在别人看来，你的苦难也许确实令人同情，但你的抱怨更让人反感与厌烦，别人会觉得，你是在请求廉价的怜悯……所以，当苦难来临时，当你正在经受苦难时，一定要靠自己的意志力来承受这一切的不幸，并努力摆脱它，因为它会锻造你的品格，让你学会坚忍。当你成功摆脱了苦难，并勇敢地站起来时，别人会发现，你的人性变得更加完美。"

艾顿的一番话，让丘吉尔重新修订了他"热爱苦难"的信条。他在自传中这样写道："苦难，是财富还是屈辱？当你战胜了苦难时，它就是你的财富；可当苦难战胜了你时，它就是你的屈辱。"

很多人在陷入困境时，他们的第一反应就是对外求援，为了达到被援助的目的，他们甚至将自己的苦难夸大其词，唯恐别人认为自己还不够凄惨。其实，这些人本身的遭遇是值得同情的，但他们的做法却不被人赞赏。而那些真正有气节、有风骨的人，即使遇到天大的苦难，也会首先通过自己的力量去抗争。即使苦难再深重，只要他们还能承受，就永不会去开口乞求别人的援助。这样的人，一旦从苦难中走出来，其身心必定经历了打磨和锻造，会变得足够强大，意气风发。

既然我们对待苦难的态度和方式如此重要，那么，我们就应该在这方面多加锤炼。当我们遇到各种苦难，一时的愤怒、恐惧、惊慌都是在所难免的。但如果这种极端的情绪一直持续，那么一个人很有可能会做出一些失去理智的行为。所以，为了避免一时的冲动，我们应该理智地控制自己，鼓励自己尽快甩掉这些负面情绪，把注意力转移到另一个事物上，以此来缓解不良情绪的影响，从而达到心理上的平衡。

很多人所理解的苦难，都是外界强加给我们的，是比较客观的东西。其实不然，苦难也包括失败、失恋等比较主观的东西。事实上，人们之所以把这些经历当作苦难，是因为这些经历对他们情感的伤害比较深重，甚至带着毁灭性的打击。在遭遇了这种苦难后，我们不要一味地沉沦在失意中，应该重新制定自己的目标，规划新的人生方案，让自己很快从落魄中走出来，开始新的征程。

改变精神状态，利用正向力量

一个人的气场是由内而发的能量，如果这种能量是正向的，它就像兴奋剂，能让人积极乐观，事事顺利；如果这种能量是消极的，就会让人萎靡不振，行事遇阻。

日常行为是精神面貌的体现，如果我们表现得积极向上，就会对周围的人有一种正向的带动和激励；如果我们精神萎靡不振，做什么都提不起劲来，就会让周围的人不舒服，我们的负面情绪也会影响到其他人。

下面这个案例就从反面告诉我们：良好的精神面貌，对正向气场力的形成和展现有多么重要。

小兰在周末疯玩了两天，周一的早上，她睡过了头。她急急忙忙地洗漱完毕，也顾不得精心打扮，用手抓了抓头发就出门去了。刚冲出所住的单元门，就和一个老奶奶撞了个满怀，小兰的胳膊被老奶奶的菜篮子硌得生疼。小兰下意识地喊了一声："倒霉！"

这一喊不要紧，反而提醒了老奶奶，把老奶奶的火也激起来了。"什么？倒霉？你还倒霉？年纪轻轻的，不好好走路，撞了我你还抱怨？我是老人知道吗？我能跟你们年轻人比吗？经得起这样撞吗？"老奶奶对着小兰一顿数落，脸上的皱纹都揪在了一起。

看着老奶奶生气的脸，小兰心里就更不痛快了，她冷冷地答道："我又不是故意的，不是上班迟到了着急吗？你说那么多，难不成想碰瓷？"老奶奶见这个丫头一张冷冰冰的脸上一点歉意都没有，完全是那种对什么都不屑一顾的神态，就更生气了。"什么？说我碰瓷？我这叫碰瓷吗？明明是你撞了我，是你不对。我要是有个好歹，你就逃不了责任。又不是我故意在你面前等着你来撞的。真是的，现在的年轻人就是没素质！看看你，挂着个脸，好像谁欠了你钱似的！你上班要迟到？你怎么不早点起来？就知道睡懒觉。看你这样子，迟到也是活该，估计你干活儿也不积极，就等着挨老板骂吧……"老奶奶还在数落着，小兰为了赶时间只能道歉，然后继续赶路。

小兰的迟到不可避免，而且晚了很长时间。当小兰冲进办公室时，负责考勤的巧玲打趣道："周末又玩过头了吧？迟到一个小时哦！老板可要生气了！"巧玲平日为人很和善，同事们迟到十几分钟都会手下留情，小兰平日和巧玲关系也不错，好几次都是在巧玲的帮助下才保住了"全勤奖"。

可是，此时此刻，正在气头上的小兰哪里想得到这些，她一甩脸色："怎么了？我又不是第一次迟到，你得意什么？有本事现在就去老板那儿打小报告啊，你也就这点本事。"

巧玲被小兰气得说不出话，脸上红一阵白一阵的。自己平时不也是这样打趣她的吗？又不会真的去向老板告状。而且巧玲本来还打算帮一下小兰，把她迟到的时间少记一些呢！被小兰这样一闹，巧玲一点这样的想法都没有了，拿出考勤表如实给小兰记上了一笔。

小兰见此心情更糟了，根本没有心情工作了，总在想巧玲会怎么暗算自己，老板会怎么批评自己，还有，早上在小区那么丢人，晚上回去了是不是还得被一群老人抓住了教训……

这么想着，小兰开始拿手边的东西撒气，键盘敲得啪啪响，拿东西总是又摔又扔的，弄得周围的同事都不敢招惹她。有两个同事因为有工作交接来找她，她也没好气，结果人家也没给她好脸色，一天的工作变得磕磕绊绊。好不容易熬到了下班时间，老板忽然召集员工开会。会议上，小兰成了重点批评对象，不仅因为早上上班迟到，还有工作中负面情绪太重、工作不认真、破坏办公室和谐气氛等，小兰一肚子委屈和气愤，可是又不敢在老板面前发作，只得忍气吞声。

晚上躺在床上，小兰想了又想，觉得这一天简直倒霉透了！可是，她该怪谁呢？想来想去，最后她怪自己不该睡懒觉！要是不睡懒觉就不会着急，不着急就不会撞到老奶奶，不撞到老奶奶就不至于迟到，和巧玲发生冲突，那样也不至于一天都不顺利，最后还被老板骂。

我们内心的能量无处不在，这种能量决定我们的心态，决定我们的精神，从而决定我们的面貌状态。一个正能量的人，他的脸上一定写满了自信，即使遭遇逆境，也不会消沉；一个散发负能量的人，脸上写满了消极，让人看了就想避开。

上文中的小兰真是因为睡懒觉才导致一天的不顺吗？答案显然是否定的。

我们所做的事情由我们自己掌控，而掌控我们自己的是我们的心情，是我们的精神状态，这都是由内心的气场决定的。不要不相信，我们的身体绝对是个神奇的机器，只要你学会控制它，就会让积极的气场由内而发，投射在我们自信开朗的面庞上，展现最好的精神面貌。

同样一件事情，乐观面对和悲观面对会导致两种不同的结果。生活本来就是这样，想要让自己的气场强大起来，必须保持乐观的心境，积极面对生活中的不如意，只有如此才能活得洒脱。

如果你想让自己在别人眼里是正面的、积极的，就要让自己变得乐观，站在更高的角度看问题，给自己一个高起点的界定。由此，就能打造出气场这张亮丽的"精神名片"，增强正能量，增添人格魅力。

第五章

心胸开阔，处世泰然

——做人不必太较真

　　在与人出现争端时，如果能用宽容的心去包容对方，对方也一定能省察自己，设身处地地想问题。学会了宽容，你就会发现世界很美好，人与人之间的相处也会很愉快。在生活中，很多不快乐都是因为计较太多。其实，不计较才是生活快乐永恒不变的心灵法则。我们要学会克制怒气，容忍他人，消除怨气，无论顺境还是逆境都能安享其福，心存喜乐。

出门前请扔下你的"放大镜"

近十几年来，人们的生活节奏日益加快，也有了多种多样的生活方式。人与人之间的关系变得敏感而脆弱，一句无关紧要的话就有可能引发一场争吵，让人身心受伤。因此，人与人在交往中，一定不能用带有"放大镜"的目光进行考量。倘若随身携带一把"放大镜"，遇到一点点小的摩擦就无限放大，争吵不休，最终除了带给自己无限的困扰之外，一无所获。

有一位老婆婆，她每天都会仔细查看自己篮子里的鸡蛋数量。突然有一天，老婆婆发现自己的篮子里少了一个鸡蛋。接着，她反复地查验，确定确实少了。因为丢失了一个鸡蛋，这位老婆婆竟然伤心了好长时间。她的邻居看她为了一个鸡蛋总是愁眉苦脸的样子，劝她说："只是一个小小的鸡蛋而已，何必生这么长时间的气呢？"老婆婆的回答简直让人哭笑不得，她十分难过地对邻居说："我弄丢了一个养鸡场！"邻居十分纳闷地问道："你只是丢失一个鸡蛋，哪来的养鸡场呢？"老婆婆回答说："的确，我只是丢了一个鸡蛋，然而，也许这个鸡蛋在不久之后可以孵出小鸡来，一只小鸡长大后，又会下许许多多的鸡蛋，然后，这些鸡蛋再孵出小鸡来，小鸡长大再生蛋，我就能开办一个养鸡场了！"

老婆婆弄丢一个鸡蛋原本是再正常不过的小事，可是，老婆婆却将其放大成一件与养鸡场有关的大事。其原因无非是这位老婆婆用"放大镜"来看待这件事情，自己的情绪完完全全被一点小事掌控。实际上，如果老婆婆能站在另一个角度思考问题，"幸亏我弄丢的是一个鸡蛋，而非更多的鸡蛋"，那么心情也能变得愉快起来。

在我们的日常生活中，要想少些烦恼，最好学会"大事化小，小事化了"。这种云淡风轻的生活态度，并非让人碌碌无为地混日子，而是说，不要为了芝麻绿豆般的小事就大吵大闹，或因为某次失误就放大自己遭遇的损失，更不可无端猜疑别人，无中生有，否则，只能徒增烦恼罢了。

作为一名普通工人的孙师傅为了能赚到更多的钱购买一辆汽车，总是在工厂加班到深夜才回家。几年后，孙师傅终于攒够了钱，也购买了自己向往已久的新车。从此之后，他下班回来的第一件事就是擦洗汽车，还常常为汽车做各种保养，真可谓爱护有加。然而，突然有一天，他发现自己的爱车上有几道划痕，这令他十分生气，于是质问儿子："你有没有在我的汽车上乱画？"刚满7岁的儿子在父亲的严厉逼问下哭着点头承认了。孙师傅面对泪流满面的儿子非但没有原谅他，还认为儿子毁了他长达几年的奋斗心血。他联想到自己为了这辆汽车辛苦工作的情景，生气地用绳子绑住儿子的双手，将他吊在屋子里。在他看来，这不仅是单纯的划痕问题，更是对自己几年工作的亵渎。

吊完儿子后，孙师傅就出门去小酒馆喝酒了，直到傍晚妻子回家时，才发现正在受惩罚的儿子。当醉酒的孙师傅匆忙赶到医院时，儿子的手已经变得乌黑。后经医生检查，儿子的手必须截去，否则将有生命危险。

面对失去双手的儿子，孙师傅后悔极了。他在心里想道："倘若当时自己能够冷静一点，没有把汽车划痕的事情放大去看待，儿子就不会失去双手了。"

其实，如果孙师傅当时能够冷静下来，就会想明白汽车划痕与几年的努力根本没有关系，如此一来，也不会造成如此惨痛的后果了。要知道，通过喷漆就能修补汽车的划痕，可是儿子的双手再也不能治愈。由此可见，用带着"放大镜"的眼光看待生活中的一点小烦恼，结果只会让自己更加痛苦。因此，当烦恼找上我们的时候，应该就事论事，而不要给它加上一些关系很小甚至一点关系都没有的联想。俗语道："世上没有后悔药。"有时候做出一个错误决定就可能遗憾终生。

总而言之，在现实生活中，我们在遇上烦恼时首先要保持足够的冷静，不要用"放大镜"去寻找无关紧要的烦恼。如果我们凡事都较真，那么，与他人的争执和矛盾必定在所难免。

面对生活中的小麻烦，我们不要找任何借口或理由紧抓不放。学会放手，不仅是对别人的善待，还是对自己的不苛求。从短时间的烦恼中走出来，你就会发现，生活中还有许许多多的快乐等着我们去发现。而那些小矛盾就如同毒素，不仅侵蚀我们的身体，还污染我们的心灵。倘若没有及时予以清除，最终只会使自己受到更多的伤害。

学会放下，就是清除毒素的一种行之有效的方法，只有放下所有的烦恼，我们才能顺利地走出困境，重新点燃生活的希望之火。因此，当你获得了快乐的小窍门，即从暂时的小矛盾中走出来时，你就会发现世界更大，人生也更加美好。

学会宽容，扭转坏运气

我国民族英雄林则徐有言："海纳百川，有容乃大。"就是说，大海可以容纳千百条河流，因为它有这样广阔的胸怀，所以是世间最伟大的。而一个人能够做到宽容，那么他往往能躲开坏运气或扭转不好的局面，迎来好运。

一列火车正开往费城，一位妇女在中途上了车。她找了一节空荡荡的车厢，并选了一个靠窗的位置坐下来。这时，坐在她对面的男人旁若无人地点燃了一支香烟，并深深地吸了几口。妇女一闻到烟味就觉得浑身不适，于是她故意把头扭向窗外，并咳嗽了几声，想以此提醒男人别再吸烟。可是，对面的男人对此毫无察觉，因为他压根就没有注意到她的举动。这下，妇女不再客气了，她大声对那男人说："先生，你是不是第一次乘坐火车？你可能不知道吧，这列火车有一间专门的吸烟室，在车厢里是绝不允许抽烟的。"

男人听了妇女的话后，愣了愣，然后对她抱歉地笑笑，顺手将手里的香烟掐灭，丢进了烟灰缸。不一会儿，妇女见几个穿制服的男人走进了车厢。他们径直走到她面前，说："女士，很抱歉，你走错车厢了，这是格兰特将军的私人车厢，请你马上离开。"这些人的话把妇女吓得不轻，天哪！这个男人竟然是大名鼎鼎的格兰特将军，顿时，她感到全身直冒冷汗。格兰特将军却一点也没有怪罪她的意思，而是微笑着对自己的下属说："无妨，就让她坐这儿吧。"

格兰特将军的宽容让妇女肃然起敬，他的仁德也被世人争相传颂。正是凭借着这样一种博大的胸襟，他用人格征服了手下的士兵，在他们的帮助下打了很多胜仗。他自己最终也成为受人敬仰的美国总统。

格兰特将军的故事告诉我们：对他人宽容，也会赢得别人的宽容和尊重。多一分宽容，就多一分理解；多一分宽容，就多一分感动；多一分宽容，就多一次让别人重新看待你的机会。所以，不要吝啬自己的宽容，不要挑剔别人的过错，让你的气场中多一分豁达，这对你的人生有益无害。

林肯在参选美国总统时，他的竞选对手斯坦顿曾使出一切恶劣手段在公众面前侮辱他、诋毁他，让他形象受损，丢尽脸，出尽丑。即便如此，林肯最终还是胜出，当选为美国总统。正当大家都以为斯坦顿就此完蛋的时候，林肯却委任他为参谋长组建内阁。林肯对斯坦顿的宽容，不仅感动和征服了斯坦顿，还受到了美国民众的赞赏。此后，在跟随林肯的岁月中，斯坦顿总是身先士卒，尽忠职守，以此报答林肯对他的厚待。

日常生活中，我们经常会遇到一些不愉快的事或让我们看不惯的现象，比如总有些邻居深夜还在玩闹喧哗，害得本来就易失眠的你总睡不好觉；比如有人缺乏公德心，乱扔垃圾；比如有人强迫他人让座，不让座就谩骂甚至动手动脚；比如有的家长不肯管教自己言行出格的孩子……这样的事情比比皆是，如果较起真来，那你就别想把日子过舒心了。

心理问题是和社会问题密不可分的，一方面许多心理问题的产生都有着一定的社会背景，是由一些社会问题衍生出来的；另一方面一定的心理问题累积起来也会酿成某种社会问题。既然心理问题产生于一定的社会现实背景之下，那么它的解决就不能超越具体的社会现实条件。我们不能等到社会改善得尽如人意之后，才去解决心理问题。自我积极的适应性调整与推动社会的进步必须是同步进行的。

在我们的生活中，还有那么一些人，他们总在那里提出对别人的希望和要求，希望社会应该这样，希望别人应该那样，可他们偏偏忽视了对自己的要求，没有要求自己认清现实社会的时代发展规律并做好相应的调整。许多心理障碍的产生都与当事人不能明晰地"洞察世事"有关。有些人总爱从主观上认定现实应该是怎样的，可现实却偏偏是另一番模样，无法达到他们想象的那样"完美"，于是生活中出现的各种不如意必然会让他们耿耿于怀，郁结于心。有的人尤其是一些一事无成的人总爱感叹"生不逢时"，如果他们总抓着这一观点不放，那他们的结果就不仅仅是"生不逢时"，还有可能是"辛苦飘零"了。

因此，我们应当放弃以"社会应该是这样"的视角去看待社会，换之一种客观冷静的眼光，我们就会在一种平衡的心态下生出许多适应并改造社会的智慧来。比如，许多不吸烟的人都很讨厌那些不分场合吸烟的人，但你再厌恶，总不至于去人家手里硬夺吧。那怎么办呢？其实有很多方法可以改变这一现状，比如戒烟宣传，那些触目惊心的图片与数字已经让许多人主动戒了烟；又比如当下的树法立规，禁止在各种公共场合吸烟，也大大减少了对被动吸烟者的危害。只要全社会都向着"良性循环"的方向发展，就可以逐步形成并巩固良好的社会道德和习惯。也许我们说不清楚"是我们改变了世界，还是世界改变了我们"，但有一点是可以肯定的：这种双重改变的趋势是我们大家举双手赞成的。

在现实生活中，我们在家庭关系、两性关系、人际关系、健康状态、工作状况等方面确实都可能会有许多不如意之处，甚至屡受挫败，陷入危机。怎么办？首先要学会接受现状，然后再共同想办法一起去克服，去改善。

如果不能改变，就要努力去接受。如果我们不能"接受不可改变的现实"，那么就有可能要面对抑郁、自卑、恐慌、焦躁、嫉妒、悲观等心理问题，危及身心健康。人生从总体上来说是充满艰辛和坎坷的，所以生活在其中的人们都要有这种心理准备，既怀着希望，又敢于接受残缺，最重要的是要守住底线，永远不要被生活中的挫折压垮。

小是小非面前一笑而过

古人说"人至察则无徒"，所以，一个不管是对自己还是对他人都要求严苛的人，总会给别人或自己带来一系列无谓的麻烦，一般来说，这种人不仅让朋友难以忍受，自己也会痛苦不堪。

在现代社会，与人和谐相处是最基本的交际原则。这不仅适用于邻里之间与同事之间，还适用于陌生人之间。总是斤斤计较，最终只能是伤人伤己。

某餐饮店中，一位刚刚创业的男子正在邀请几个生意上的合作伙伴一起吃饭，大家相谈甚欢。然而服务员上菜的时候，一不小心将菜汤洒在了这名男子的裤子上。服务员惊慌失措地找来餐巾纸为这位男子清理脏污，还诚挚地道了歉。结果，这位男子脸色变得更加阴沉，火冒三丈并趾高气扬地说道："你这身份低贱的服务员，竟然连上菜都不会！我的裤子是国外定制的，很名贵的，你赔得起吗？"

服务员只能唯唯诺诺地请求这名男子原谅她的无心之过。可是，男子不依不饶，声称要找经理算账，引来很多人围观。

这时，他的一名合作伙伴终于忍不住说道："每个人都难免犯错误，这名服务员也不是有意的，你又为什么紧抓住不放呢？何况人人都有人格尊严，就算她将你名贵的裤子弄脏了，你也不该用侮辱性的语言去责骂她。原本我还想和你继续合作，如今看来，我们也没有合作的必要了。心胸狭窄的人也不会是一个值得信赖的好合作伙伴。"说完，这位合作伙伴愤然离席了。

这名男子可以说是因小失大，他因为服务员一次小小的错误，就弄丢了自己的一单大生意。事实上，这类事情在生活中是很常见的。有些人选择放大小纷争，咄咄逼人，最终闹得不欢而散，甚至损伤切身利益。有些人却能够站到对方的角度考虑问题：对方并非有意为之，让人不快的事情已经发生，再争执又有什么用呢？不如体谅对方，寻求解决问题的真正方法，一来能缓解彼此的矛盾，二来也能体现出自己良好的素质，赢得他人的赞赏。

小聪明易做，大智慧难为。对于一些无关紧要的小事，最好一笑而过。总是用苛刻的眼光看待他人，总是用激进的态度对待他人，只会将矛盾激化，引发更大的矛盾，之后还会让人对你"敬"而远之。

德国著名诗人歌德，有一次去公园散步。走着走着，迎面走来一位曾对他的诗歌进行过严苛批评的批评家。歌德看见他后，原本想友好地打个招呼，谁知，这位批评家对歌德趾高气扬地说道："傻子是不值得我让路的，你也是一样。"听完这句无礼的话，歌德非但不生气，反而笑了笑说："哦？是吗？我则恰恰相反。"说着，歌德向路旁退了几步，让这位批评家过去。

歌德没有因为对方的无礼而对对方怒目相向，睚眦必报，而是机智幽默地回敬了对方。对方侮辱地说他是傻瓜，在他看来，这是无关紧要的小事。倘若歌德也用蛮横无理的行径对待对方，以批评家的傲慢，势态一定会进一步恶化，必将产生不可调和的局面。而用这样类似幽默的做法，不仅能轻易地化解矛盾，还能让对方低头，何乐而不为呢？

孔子曾说："人非圣贤，孰能无过。"所有人都会犯错，但是，当对方不小心在言语或行为上冲撞了自己，如果无伤大雅，最好是一笑置之，在给别人留退路的同时，也为自己留条后路。正所谓："人情留一线，日后好相见。"要时刻谨记，凡事不可做绝，否则，当自己遇到困难或者犯错时，很可能会遭到对方的报复。

很多时候，人生并不仅仅是非黑即白这两种选择。我们少一点顽固和争执，反而会把事情处理得更好，还能得到对方的尊重。所以，学会取舍，才能成为生活中的智者。心思狭隘的人总是会计较无关紧要的小事，贪占一时的便宜和快意，结果惹来他人的厌恶。而智慧的人，看似暂时在人际交往中居于下风，却最终能够实现自己的大目标，成就大事业。

许许多多的"每一天"构成了人生命的整体，如果每一天都能收获快乐，那么就能成就一生的幸福快乐。当烦恼来临的时候，学会取舍，学会放下，学会在面对小是小非的时候一笑而过，那么每一天都会是快乐的。事实上，只有傻瓜才会在大好时光里不放过任何一次争吵的"机会"呢。

面对过错，用宽恕取代发怒

生活不是一帆风顺的，即使是天之骄子，都难免遇到各种不尽如人意的事情。在面临这些不如意时，许多人会沦为负面情绪的奴隶。性格较内敛的人，可能会把消沉的情绪闷在心里，而性格较直接、外向的人，就可能采取激烈的报复手段，导致不和谐的人际关系。

我们常常会在新闻里看到类似这样的消息：公交车上，有人插队上车，被另一个人劝阻，插队者听到别人的指责，既难堪又非常不服气："我插队我乐意，又没有碍着你，不用你多管闲事！"就此两个人你一言我一语，不肯相让，吵架升级，以至满口脏话地对骂，往往是售票员或是其他人几番劝解后，才消停下来。

仔细想一想，那些无法控制脾气的人，在你心中留下了什么样的印象呢？因怒火高涨而斥责别人的人，往往让我们退避三舍，就算想与之沟通，也可能因惧怕麻烦而作罢。这种人不管是在工作上，还是在人际关系上，都给自己造成了难以跨越的阻碍。而那些心胸宽广的人，大家都乐于与之交往，因而能让很多工作得以顺利进行。所以，假如我们能够冷静理智地对待生活中的矛盾，进行自我检讨，那么很多事情都会很顺利，自己的目的也更容易实现。

历史上那些受人景仰并能成就大事业的人，往往都具备宽容的品格。因为宽广的胸襟让他们能在"识人"之前，先广纳各领域的"璞玉"。他们能接受他人的建议，善用各种拥有不同能力的优秀人才，自然能拓展自己人生的格局，迈上成功的台阶。

人生在世，我们难免会遇到被人冒犯的时候，如果我们消极地认为对方是怀着恶意贬低自己，从而恼羞成怒，自然无法冷静地看待眼前事。其实，这个时候我们不如怀有一颗宽容之心，不要太过计较，这样反而能自然而然地化解一场矛盾，甚至真的能够化解对方的恶意图谋。

我们每天都会与很多人打交道，但是，不是每个人都了解我们的个性与过往的经历。每个人都会带有自己主观的评断，如果你并非像别人所说的那样，也不必为此大发脾气，也不需要刻意辩解或去指责对方，因为如果有必要相处，时间久了，对方自然会了解你是什么样的人；如果没有必要相处，那么何必浪费时间和精力去告诉这个人你是怎样的人呢？同时，我们不要过分夸大、渲染他人的无心之过。试着平息你的怒气，冷静地看待问题，别人会更愿意亲近你。

当别人有意无意地冒犯了我们，正确的做法应该是：多给予他们一些宽容和理解，不苛求，不用激烈的方式回击。那么对方要么偃旗息鼓，要么能冷静下来，客观看待，或者能报以感恩，学会宽容，那么世界便会多一分和谐，少了敌人，多了朋友。

我们可能目睹或听说过这样的场景。在拥挤的公共汽车上，一位穿高跟鞋的女士不小心踩了一位男士的脚，赶紧给那位男士道歉："对不起，对不起，我不小心踩着您了，真是抱歉！"男士幽默地回答："不，不，应该是我的错，都怪我的脚长得太长了。"哄的一声，一车的人全都被这位幽默的男士逗笑了，显然，这是对这位优雅风趣的男士的赞美。

又或者是这样的情景。一个年轻女孩，高兴地进了一家商店，不料她走得有点快，地板又太滑，她一下子摔倒了，手里的冰激凌也摔在了地上，弄脏了商店本来干干净净的地板。女孩站起来满脸歉意，不料，老板故作抱歉地说："真对不起女士，我的地板太贪嘴，居然抢了您的冰激凌吃！"于是女孩笑了，一场尴尬就这样化解了。

这就是宽容的魅力，像春日里明朗的阳光，照得人心头暖暖的。这种美妙的感觉任谁都不会拒绝，那么就让我们做宽容的人吧。

宽容就是不对别人苦苦相逼，因为人都有犯错的时候，如果执着于已经过去的别人的错误，计较的人也像背了一个沉重的包袱，越放不下，越沉重。为人也罢，处世也罢，都要把宽容当作行走的座右铭，时时刻刻带在身边，调整心态，宽容他人。

其实每个人都知道，我们时常有不顺心的时候，一个人生闷气和发脾气都不是解决问题的好办法。相反，控制自己的脾气，冷静下来，不立即对他人进行言行上的攻击，着眼于思考解决问题，才是最好的处理方式。这个时候，我们必须要将自己的心态调整好。可以从下面三点做起。

第一，不拿自己的错误惩罚自己。犯错误，常有之，不能过分自责，知道错了，改正就好，对自己宽容一点。

第二，不拿自己的错误惩罚别人。一个品德高尚的人，是一个勇于承担的人，自己犯错了，不要牵连身边无辜的人。

第三，不要因为别人的错而让自己生气。本来错在别人，我们何苦自责，这是拿别人的错误惩罚自己。

生活中，我们常试图改变别人对某件事情的看法，可是没能得到对方的认可，难免因此发生不必要的争辩，争论的结果却是两方都坚持自己的观点，互不相让。如果有人不冷静，很可能就会上升到人身攻击，很容易引起争端。其实，如果能既保持自己的观点，又互相尊重对方的想法，那就再好不过，毕竟每个人看问题的角度和立场总会因为不同的原因而有所不同。既然如此，何必为了逞一时的口舌之能而与他人进行无谓的争辩呢？

超越恩怨，学会以德报怨

很多时候，如果能宽容他人的过错，原谅他人的过失，超越恩怨，以德报怨，人际关系就会处理得更融洽。

新闻曾经报道，某县的一个小女生骑车去上学，路上看到一位老人摔倒了，好心的她便停下车子去扶老人，不料那老人反咬一口，硬说是被她撞倒的。直到交警查了监控录像，才还了那个热心女孩的清白。

以上故事情节，并无新奇之处。但它的结局却格外暖人。两周后，那老人出院，善良的女孩不计前嫌，和爸爸妈妈商量后，向这位生活困难的老人捐了一千元钱。女孩以德报怨的善良行为，值得我们敬佩。

以德报怨，是处理个人与他人之间关系的道德规范。以德报怨就是要求自己要有宽大的胸怀，要能宽以待人，不求全责备，不同别人斤斤计较。孔子曾经说过"己所不欲，勿施于人"，即能够推己及人，能够设身处地地为他人着想，自己所厌恶的、不愿意做的事，就不要强加到别人身上。古代思想家认为，这是达到仁爱之德的一条捷径，是可以终身遵循的做人原则。古人还认为，为人处世遵循这一原则，可以协调好人际关系，赢得人们的尊敬和爱戴。

林肯和斯坦顿竞选美国总统的故事，我们之前提到过。林肯当选总统后，不计前嫌，从国家利益出发，力排众议，任用曾经为了政治立场侮辱过他的斯坦顿。很多人都说"总统选错人了"，认为"林肯应该换个更合适的人"。

但林肯不为所动，非常坚定自己的选择，并解释说："我看重的是斯坦顿的才干，而且我对他十分了解，从国家的利益考虑，我认为他是最合适的人选……"

斯坦顿在林肯的坚持下当选参谋长后，为了报答林肯总统的知遇之恩，尽心尽力工作，为南北战争的胜利做出了不小的贡献。

几年之后，林肯总统遇刺身亡，人们都十分悲痛地缅怀他。斯坦顿在谈及林肯时，对外界说："林肯是世人中最值得敬佩、最令人爱戴的一位伟大总统，他的名字将万世流芳。"

林肯总统以德报怨的美德，为后世留下了光辉的榜样。他教会我们一个道理：在与人交往时，要拥有豁达的胸怀，包容他人对自己的误解和过失，以善行对待对方的不善之举甚至是仇恨，做到"相逢一笑泯恩仇"。

以德报怨能够融化世上最冰冷的心，它是上天赐给我们的珍贵礼物，使人们真正享受心灵的自由。然而，以德报怨并不是无原则的退让、无原则的容忍。在大是大非问题上，应该是寸步不让的，不能有一丝一毫的宽恕。

现实生活总有大大小小的矛盾发生，只要这些矛盾没有触及人类道德底线，没有涉及大是大非的问题，那么学会换位思考，多体谅他人，就能化怨恨为缘分，减少对立，就会多朋友，少敌人。当你真正做到宽容他人时，你会发现这不仅有利于创造和谐的氛围，也有利于获得个人的成功。

打造不计较、不抬杠的人生

日常生活中，总是会有人为了一些小事计较，一言不合就抬杠。对于某个观点坚持己见很正常，但是非要吵个你输我赢，无休止地抬杠，进而矛盾升级，愈演愈烈，就完全没有必要了。其实，你只要稍微放下计较，就不至于闹得两方都不愉快。不抬杠的人生很轻松。

小兰和小倩在婚纱店帮即将结婚的好朋友挑婚纱，两个人各自选了一件自己认为适合新娘的婚纱。

小兰说："我觉得这件白色婚纱简单又大方，最合适。"

小倩却说："什么呀，这件黄色的婚纱才与众不同，你这是什么品位啊。"

小兰反驳道："我的品位低？挑婚纱要挑适合的，光裙子本身好看有什么用？你才是什么都不懂呢！"

小倩顿时气不打一处来，想想自己可是学服装设计的，怎么能忍受一个连大学都没上的"土包子"说自己品位不如她呢……

她们俩开始争论品位高低，你一言我一语地互不相让，让在一旁的新娘十分尴尬。

新娘本来欢欢喜喜地请两位好朋友帮自己挑婚纱，不承想这两个姑娘如此针锋相对，吵得面红耳赤，让新娘不知如何收场。她们俩没能考虑新娘的感受，一味从自己的角度出发，不仅给自己带来不愉快，还给他人带来伤害，实在是不值得。

抬杠其实就是想在气势上压倒对方，越想赢过对方，说得就越多、越尖锐，话语尖锐了，自然就避免不了要吵架。可是我们想想，抬杠到底能带来什么好处呢？能减肥还是能变漂亮？只会伤害彼此的感情徒生嫌隙啊，多么得不偿失。

哈里是个受教育不多的年轻人，他有个讨人厌的毛病就是爱抬杠。他去推销汽车，但是总不成功，于是向经理求助。经理听了哈里的叙述，就发现他总爱跟顾客争辩。如果顾客挑剔他的车子，他就面红耳赤地反驳，直到顾客同意他的观点。但是，哈里不明白，他明明取得了胜利，却没能留住顾客。经理对哈里说：你的第一个难题不在于怎么说话，而是要克制自己，避免和顾客争执，发生口角。哈里听了经理的话，下定决心改正自己爱争执的缺点，并积极付诸实践，后来他成了公司有名的推销员。

他成功的秘诀是什么呢？就是他改变了推销策略："如果我向顾客推销我的车子，而对方说：'什么？你这个品牌的车我不喜欢，白送给我我也不要，我要的是其他品牌的车。'我会说：'老兄，有些品牌的车确实不错，买他们的车也是不错的选择，您可以试试。'这样顾客反倒没有抬杠的余地，无话可说了。如果他说什么品牌的车最好，我说您的眼光确实不错，他也只好停止争论了。他总不能在我同意他的意见后还继续反驳我吧。他不说话，我就开始介绍我的车。

"回想以前，听到拒绝我的话，又当面夸其他品牌的车子好，我早就气得要跟他理论起来了，我会挑他说的品牌车的毛病，他越说好，我就越挑它的毛病。我们争辩激烈，我基本上就没什么时间推销我的车了，车就卖不出去。现在想想，真觉得当年的自己根本不懂推销的技巧。以往我把时间都花在了抬杠上，现在我闭口不说，从不抬杠，果然很有效。"

看，如果你老是抬杠，反驳别人，也许你会偶尔胜利，但那并不是真正的胜利，因为对方永远不会真的认同你的观点，更不会对你有好感，你就无法达成自己的目标。

其实，绝大部分抬杠都会使双方陷入无休止的争吵。若是一直抬杠，不管结果是赢了还是输了，你最终都是浪费了宝贵的时间和精力。而且对方因自尊心受到伤害而感到面子挂不住，自然会对你产生怨恨的心理。逞一时口舌之快，却换来长久不和谐的关系，何必呢？这是自找苦吃。

卡耐基是个非常优秀的飞行员，"二战"之后，他用飞行的壮举震惊世界，因此受到澳大利亚政府5000美元的嘉奖，英国王室也授予他爵位。可就在获得这些令人欣喜成就的同时，他也得到了一个很大的教训。

那天晚上，卡耐基参加为他举行的庆祝晚会。宴席中，坐在卡耐基旁边的一位先生讲了个幽默故事，引用了一句话，并且补充说，这句话出自《圣经》。

卡耐基一听就知道这位先生错了，立马纠正他。结果，那位先生生气地反问道："什么？出自莎士比亚？那绝对不可能，我很肯定那句话就是出自《圣经》！"

他们俩争执不休，决定问参加宴会的一位一直研究莎士比亚著作的学者，让他来判断究竟谁对谁错。卡耐基很得意，以为自己就要胜出了。可没想到，学者对卡耐基说："你错了，这位先生是对的。这句话就是《圣经》里的句子。"

卡耐基在宴会结束后，迫不及待地问那位学者："法兰克，为什么？你明明知道那句话出自莎士比亚。"

法兰克回答说："这句话出自《哈姆雷特》第五幕第二场。可是亲爱的先生，你为什么一定要证明他错了？那样会使他敬佩你吗？他并没有问你任何意见呀，你为什么非要和他争执呢？这对你有什么好处？"

若是法兰克没有及时制止他，恐怕大吵一架是在所难免的，那么宴会和谐的氛围也会被破坏。很多时候，不抬杠，少逞口舌之快，让别人先陈述自己的观点，即使自己不同意，也不进行不必要的反驳，微笑而过，自然就能营造良好氛围，又何乐而不为呢？

想要活得不累，活得轻松，我们可以先从管住自己着手。

（1）多加忍耐，不要去接那个话茬，也可以换个话题，转移注意力。

（2）以微笑代替抬杠，你比对方先停止争辩，也许是更好的结果。如果是十分了解你个性的人，我想他是不会介意的。

（3）找个安静的环境，听一听自己喜欢的音乐或看个搞笑的电影，放松一下心情。

（4）认真听对方的理由，不钻牛角尖，对方见你态度认真地倾听，自然会不好意思继续跟你吵下去。

不要太过在乎别人的指责

人生在世，犯错在所难免，你犯了错，也许会有人指出你的过错，可这无非就是被人说说而已，也没什么大不了的。有的人就是把别人的指责或批评太当回事了，反而让自己的生活变得更加纠结和复杂，甚至错失幸福。

在朋友的一次宴会上，菲菲认识了一位男士。这位男士谈吐不凡，也很有绅士风度，菲菲一下子就对他产生了好感。两个人很谈得来，宴会结束时，互留了手机号和微信号，约定下次一定出来好好聊聊。

几天之后，菲菲先在微信上跟那位男士打招呼，可是一直没有等到回复。菲菲的朋友知道后，嘲笑说："你脑子是不是有毛病啊，现在社会多乱啊，什么人都有，亏你还会相信一个素不相识的陌生人。我劝你还是早早地断了这个念头，别抱有幻想了，没谱。"可是，菲菲并没有因为朋友的指责就改变自己的想法。一个星期后，菲菲终于收到了那位"消失"的男士的微信回复。原来，在宴会之后，他就到外地出差了，带的是商务电话，所以没有及时回复菲菲。后来菲菲和那位男士的关系又有了进一步的发展，最终成了一对幸福的夫妻。

　　如果在一开始的时候，菲菲就因为朋友的嘲笑而放弃联系那位男士，那么菲菲可能就会错过这段幸福美好的姻缘。其实，在很多时候，别人批评的话并不是最重要的，关键要能够在这些批评中坚持自己的判断。生活中，可以说人人都有这种烦恼，一些受到批评就不敢前进的人，最容易跟着别人的步伐走，最终远离自己的道路，甚至错过一生的幸福。

　　当你认定了努力的方向，就要坚定不移地走下去，不要把他人的指责当路标。否则，最终只会走上一条和自己原本的方向相反的路。

　　国际知名模特吕燕是中国第一个走向世界的名模。起初，刚进入观众视野时，吕燕的外貌就被指指点点。小而细长的眼睛，高高凸起的颧骨，没有高挺的鼻梁，只有满脸的雀斑，她因此受到了很多人的质疑甚至嘲讽。很多人都说，她的长相根本配不上这个T台。可是，吕燕并没有过多地在乎别人的评论，依然倔强地坚持自己的路。终于在2009年的"60年中国·十大风尚影响力女性"的评选中，她被评为十大时尚人物之一，是这次评选中唯一入选的女模。

　　此后，有人评价她性感的嘴唇和高挑的身材与众不同，说这样的与众不同才能让她在舞台上大放光彩，脱颖而出。吕燕并没有因此而扬扬自得，依然用"不在意"的态度对待。就是这样，她才得以在自己喜爱的舞台上越走越远。

没有人是完美无瑕的，有优点，也有缺点，长相也好，性格也罢，都是如此。虽然现代社会是一个"看脸"的时代，但吕燕做到了没有因为别人的指责和质疑而感到烦闷和苦恼。无论外界怎样评论她的容貌，她都坦然面对，坚持走自己的路。

一个理智的人能正确对待别人的批评，因为他知道，一个人不可能得到所有人的称赞。如果总是依据别人的意见做事，就会总是担心被别人指指点点，却总是免不了被别人指指点点。而且，你不敢听从自己内心真实的想法，最终会失去自己，更不能勇敢地追逐自己的梦想。

生活中鸡毛蒜皮的事很多，我们没有必要去一一理会，这会免去很多烦恼。可是，总有些人太在意别人的指责、批评和质疑，把别人的评论当路标，总是想证明自己，甚至认为别人的指责是刻意的，不惜跟他人争执，对他人怒目相向。

每个人都希望能得到他人的赞赏，这本来无可厚非，但是要想得到所有人的赞赏，几乎是不可能的。因为你不可能满足所有人的要求，一定会有人站出来否认你的观点和做法。如果一直纠结于别人的指责批评，只会增加心里的负担。记住，因为我们都是生活中的平凡人，无论谁在哪一方面，都做不到让所有人满意，所以不要在意别人的指责或是谩骂批评，我们努力让自己变得更好就可以了。

曾有人说："在我二十岁时，我十分在意别人怎样看我；到了四十岁，我就不太在意别人的看法了；直到六十岁，才发现别人根本就没在意过我。"做真正的自己，就不要太在乎无关紧要的人的批评或指责。何必跟一个不了解你的人白费口舌呢？

世上本无事，庸人自扰之

很多人会因为一点小事就心有怨气，还会指责别人的种种不是。其实，仔细想想，为这点小事生气根本没有必要。所以，遇到让你生气的小事时，不妨在心里告诉自己：莫生气，等两分钟看看。看看两分钟后是不是还在为此生气，是真的生气，还是仅仅是被其他的小事干扰了情绪。其实两分钟过后，怒气就消失了，这就避免了很多争吵和矛盾的发生。

同一个公司里，同事之间低头不见抬头见，总会因为同一个项目意见不合或是角度不一样而各抒己见，争论得面红耳赤。不管怎么争论，就事论事就好，千万不要上升到对人身的质疑和攻击；而且争论过后，事情就算过去，不要在乎争论时的唇枪舌剑，对当时对方的态度不要太较真。尤其是上下级之间的争辩，身为下属也好，上司也罢，最好和对方理性平和地沟通，可以据理力争，但是切忌脸红脖子粗，更不可以当众羞辱对方，否则，只会让你显得能力泛泛，又缺乏理性，十分不成熟。

有一位资历较浅的记者，不久前刚升任了报社主任。因为看起来他的能力较其他同事来说也不是很突出，很多人都很惊讶于他的上任。一次开会，有一位下属按捺不住，当众批评他"没有实际能力当这个主任""领导无方"等。他不动声色地听完下属的批评，站起来说："我能力确实不强，我很高兴你能真诚地提出对我的意见。我会继续努力提升自己的业务能力，不负领导的栽培和信任。"这位下属当场哑口无言。那天深夜，下属给主任打电话道歉，主任没有紧抓不放，只说他能够直言不讳，实属难得，所以不会跟他计较。

仔细观察分析那些坐上高位的人，我们就会发现，虽然他们的能力和其他人可能不相上下，但是在工作的安排上的确高人一等，更重要的是，他们的心态非常好，不管是面对下属的非难，还是面对突发事件，他们总能游刃有余地处理好，且为人宽容平和，凡事严格要求的同时，又能够设身处地、因地制宜地变通，从而获得领导的赏识，获得同事的支持和信任。

若是年轻气盛的你一不小心骂了上司，而你又没有离职的打算，那么唯一的补救措施便是赶快向上司诚恳地道歉，即使不一定有用。但是如果不去道歉，后果可能十分糟糕——万一上司并不是一个宽和的人，你会发现你将无他路可走，只剩下"走人"这一条路。

一个意大利诗人曾说："人如果太较真，就是不懂如何生活；不较真即是盾，刀枪不入；不较真又是箭，什么盾也挡不住。"

只有在"和"字的氛围下，才能维系人际关系的正常运作，所以，身在职场，和同事、上司交往，一定要把握好尺度，遇事不要太过计较，只要没有触及底线，就无言地微笑以对，或离开争执的现场。更不要在有分歧时，太过在意对方的言辞态度。有看不惯的人，只谈工作不深交就好；有看不惯的事，不要参与就好。否则，一旦事事计较，自己身心疲惫不说，还容易与他人交恶。

我们常说"难得糊涂"，且不提郑板桥在最初题下这几个字时的无奈，只说现代人对它的理解，就是告诉我们，无论何时，不要计较太多，在乎太多，而要看淡得失，知足常乐！

朋友之间、同学之间、父母之间、恋人之间、同事之间，每天都可能发生一些不愉快的小事，不在乎就不会烦恼，不追究就会更轻松，如果事事锱铢必较，只会造成纠葛的人际关系，从而累及工作，甚至人生理想。

人生苦短，拥有宽和淡泊的心才会腾挪出更多的时间和精力去做更重要的事情。

求同存异，让别人说点"不"又怎样

由于经历不同，大家看问题的方法、角度和立场就不相同，得出的结论自然存在差异，甚至大相径庭。如果我们在分析问题的时候能够多角度地看问题，我们就可能得到更客观和理性的结论和答案。

只是总有一些人，因为其所处的地位、立场，又顾及自己的尊严和脸面，对与自己持不同意见的人经常采取打压、抵制的做法，不仅要证明自己的观点和看法是唯一正确的，还要强迫别人同意、附和他的意见。这样的人往往心胸狭隘，喜欢打击异己，造成很多伤害，可终究是自欺欺人，失去很多朋友，更严重的是到头来众叛亲离。很多时候，我们没有必要去争孰是孰非，若你是对的，何必和非要坚持错误观点的人较真？若你是错的，争来争去，不过证明了你的肤浅和执拗。

伏尔泰有句话说得非常好："我不能同意你说的每一个字，但我誓死捍卫你说话的权利。"这是多么宽容的胸襟和气魄啊！明确自己的目标后，和志同道合的人结为朋友，而这些朋友中的一些无伤大雅、不涉及底线的小小区别，真的不必在意。

大学期间，李程在学校辩论协会里独占鳌头，还曾经在大二时接任辩论协会主席，代表社团参加辩论赛，经常是辩论场上的首辩。同学和老师都夸赞他的辩论天赋，他为自己有这样优秀的口才感到很自豪。

毕业多年，无论老师还是同学都认为李程一定早已经凭借自己的口才成为职场佼佼者，却没想到他一直是个普通职员，且业绩平平，郁郁不得志。朋友聚会时，他向现在是职场规划师的好友吐露心中的郁闷，于是好友让他具体讲讲工作的事，想要帮他分析原因。听完后，好友终于明白李程职位难以晋升的根由，原来他在工作中喜欢争辩，非要证明自己是正确的，还总是尖锐地指出他认为对方不合理的地方。

他仔细反思自己在职场中的行为，如梦方醒：自己太固执了，从来没有好好从自身找原因，原来是自己在工作中总是执着地争辩和较真，反而惹恼对方却不自知。他突然想起来有一次在会议上，他和上司为了公司业务问题争得面红耳赤，上司最后竟然无言以对，拂袖而去。现在想来，那时他自觉是直言敢谏，其实已经让上司在众目睽睽之下下不了台，折了威严。

好友告诉他不妨秉持"求同存异"的原则，只要目标相同，达到目标的效果是一样的，有些小问题就不必太过计较。

要知道，企业也好，小店也罢，它们用人看重的是这个人能够重视团队合作、精诚团结，是能够有条不紊地开展工作，是能够用合适的方法让工作完成得最好。像李程这样凡事都要跟人辩个是非黑白的人，舍本逐末，领导怎么会重用他，同事又如何会真心喜欢他呢？

程澄和刘柳同住单位安排的一间房子。由于都是毕业不久到外地参加工作的人，两个人很快就成了形影不离的好朋友。

刘柳性格大方开朗，不拘小节，但是忘性很大，饭卡常丢，银行卡密码常忘，是一个十足的小迷糊。程澄性格沉稳，做事细心，看刘柳经常为丢东西、忘事情烦恼，就决定帮助刘柳改掉这个大毛病。她每天监督刘柳拿完东西，要放回原来的位置，耳提面命地告诉刘柳怎么给东西分类归置，嘱咐刘柳做事要有条理，凡事都可以有个小计划。一开始刘柳积极性很高，但坚持了半个月后，越来越厌烦，而且发现程澄完全是按照她的习惯来改变自己，终于怒了。刘柳觉得刘柳就是刘柳，即使自己改不了忘性大的毛病，应该也丝毫不影响两个人的友谊才对，为什么一定要变得和程澄一样呢？

程澄的确是一片好心，想让刘柳变得自律一些，但是她忽略了个体的差异性，死板地想要一个神经大条的人变得跟她拥有一样的处事风格，反倒弄巧成拙。

如果一个人不仅固执己见，还妄图费尽心机和口舌，让别人同意他的观点，强行人家按照他的思路和观念为人处世，不肯听取别人的意见，不允许别人抒发自己的想法，那么矛盾即使不会一触即发，也会日积月累，终至爆发摩擦，影响各种人际关系。如此一来，家庭如何平和幸福？合作如何达成？事业如何成功？

要知道，每个人的家庭环境、成长经历、受教育程度和人际关系等都是不一样的，即使是生活在同一个环境中的双胞胎，性格也不会完全相同。正是这些不同，造就了每个人独特的性格，使他们成为一个个独立的个体。

所以，面对分歧、矛盾、不理解或不被支持，都不要太在意，这些"不和谐的音符"的存在都是正常的，正确理性地看待就好。允许别人抒发与自己不同的想法，即使对方可能是错的，如果不能暂时说服对方，又有什么问题呢？放宽心胸，不要把别人的不理解看成对自己的敌意，你坚持你的，他坚持他的，彼此尊重，才能营造和谐的氛围，使自己的生活过得更加顺心。

面对他人的恶意，保持沉默或者以退为进

每个人都难免会遭遇上他人的奚落或贬低，这时候最好忍下一时的不快，不可为争一时意气而盲目反击，因为冲动反击的结果要么是两败俱伤，要么是技不如人，徒增屈辱；即使侥幸赢了，你真的就能证明自己的能力吗？

无法否认，很多时候，我们会因为自己的沉默感到委屈、窝囊和愤怒，更生自己的气，所以更希望能够高情商地回击对方。而且高情商地回击，的确可以防止对方重复伤害你，可以让别人明白你的底线，从而在跟你交往的时候自发懂得界限，懂得尊重你。比如，有人嘲笑你或者你的家人、朋友胖得不成样子，你或许可以用同样的分寸讥讽他矮或者丑；也可以承认他说得正确，可是自己没有办法，请他来费心帮助你……

无论哪一种，高情商其实就是积极调动你的思维和感官来想一个周全之策，但是这种方法其实非常消耗你的时间和精力；而且，喜欢用恶意言语贬低他人的人，常常都是社会地位低下、素质低下、品格恶劣、自己的生活乱糟糟的人。这副嘴脸的人哪里值得我们消耗精力调动各种脑力和心力资源呢？这个时候我们只要沉默，体面地结束无聊的话题就好了。

如果有人听信他人，以讹传讹，而戴着有色眼镜看你，那么你不必理会，绕路走或嗤笑而过即可。不屑于搭理，本身就是一种嘲讽。

如果有人用恶毒的话语谈论他人，或用不正经的语气和用词讨论某件事，那么你可以离开谈论现场，不参与，不倾听，即使他们叫住你，你也要找借口躲避，实在没有必要让他们污秽的思想和语言污染你的视听。如果有人非要拦住你，甚至质问你，不必接招，顾左右而言他就好。

如果情况特殊，必须采取一定的回应才能达成我们的目标的话，那么不妨以退为进。

三国时期，曹操非常不喜杨彪，于是诬告他企图造反，将其投入牢狱。他特意指定他非常信任的许昌县令满宠审理杨彪。在此之前，孔融前来拜托满宠手下留情，希望不要对杨彪动刑审问，还私下送了很多礼。满宠不言不语，喝着酒敷衍孔融。待孔融离开，满宠就把礼品全部送了回去。孔融十分愤怒，但是无力救援，只能静观其变。满宠果然照章办事，对杨彪刑讯逼供，奈何杨彪绝不松口承认罪名。曹操听说满宠公正无私，非常高兴，指示严加审理。殊不知，满宠自第一次对杨彪用刑之后，就及时暗中找人医治杨彪，还让他好好休养，再也没有审问过他。不久，满宠拜见曹操，说杨彪经过严刑拷打，什么也没有吐出来，如果妄自定罪，恐怕会失去民心，劝当时实际掌控了天子权力的曹操三思而行。曹操深知民心向背的道理，斟酌之后，就下令放了杨彪。

满宠拒绝了孔融的说情，用一次刑讯换得曹操的信任和杨彪余下时间的安稳，可以说是以退为进的机智运用了。

另外，现实生活中，我们所遇到的恶意，常常是言语挑衅，又几乎都是鸡毛蒜皮的事，很少涉及道德底线或者国家尊严，那么我们不妨沉默或者以退为进，周全考虑，忍一时不快，得长久安稳。但是偶尔也有例外，如果遇到涉及道德底线或者国家尊严的事，我们必须捍卫我们的权利。

第六章

人生境遇，情绪左右

——好心态成就好人生

不要计算生命的长度，而要充实生命的厚度，心态决定命运的走向，而心情决定生命的质量，好心情也能给你带来好运！在这个世界上，从来就不乏各种诱惑，要想做到"无欲无求"，就应该学会克制欲望，做到视外界诱惑如无物，坚守自己的初心，走真正属于自己的道路，追求属于自己的前程。

"自信人生二百年，会当水击三千里"

美国作家爱默生说过："自信是成功的第一秘诀。"

自信心是一种自我肯定、自我信任，相信以自己的力量能够实现一定目标的心理状态，是建立在对自我正确认识、正确评价的基础之上的。自信心能使一个人的潜能源源不断地得以释放，是人们克服困难获得成功的重要保证。

著名指挥大师小泽征尔具有极高的艺术造诣，他才华横溢，记忆力惊人，并且听觉十分敏锐，音乐感觉异常丰富，而且他的性格果断而自信。有一次，他去欧洲参加指挥家大赛，评选委员会交给他一份乐谱，要求他按照这份乐谱指挥演奏。正当他全神贯注地指挥奏乐时，却突然发现乐曲的不和谐。他以为是演奏家们的失误，于是重新指挥演奏，仍然觉得乐曲不和谐。他将自己的疑惑说出来，却遭到现场权威评委和作曲家们的反对。他们郑重声明乐谱没有问题，使小泽征尔对自己的判断产生了怀疑。但是专业能力和对音乐的直觉再次提醒他乐谱有错误，他考虑再三，坚持自己的判断是正确的。他大吼："不，乐谱一定是错的。"话音刚落，顿时掌声雷动。之前那些假装高傲的评委和专家们都站立起来，热烈祝贺他大赛夺魁。原来，这是评委们精心设置的考题，前面的参赛者也意识到了问题，却因为不敢笃定地指出而与冠军失之交臂。

无论是谁，只有在充满自信的状态下，他的潜能才可能最大限度地感受到勇气和力量。几乎所有在事业上有所建树的人，都具有强烈的自信心。美国学者 L. 金普琳指出："以自信来采取行动的一个平凡人，比优秀的才俊之士更能成功，虽然这使人感到不平，但却是事实。"

旅馆大王希尔顿在他建造第一个一流大饭店的时候，拥有的资金仅仅为 5 万美元。正是凭着他的自信，他得到了人们的信任，获得了超过 100 万美元的投资；也正是凭着他的自信，他发挥出他最大的才能，成为世界上第一流的旅馆企业家。

一项调查显示，600 名接受访问的大学生，每 4 人中有 3 人表示"缺乏信心"，这是他们面对学业的最大难题。至于其他学生，虽然信心不是他们最大的难题，但并不等于说他们都有信心。所以如果学生没有信心或信心不够坚定，那么大学教育对他们并无太大好处。美国西南大学的心理学家史特博士认为："态度比能力更能影响效果。"因此，如果你的态度不够积极，对学习缺乏信心，恐怕全世界的学府都帮不了你。

如果你信心十足，即使现在你可能缺乏所需的学识，但将来你一定会获得与你的信心匹配的成就。无论哪个方面，坚强的信念都是成功的推动力。

如果从小到大一直都没什么人表扬过你，你与周围的事物也总是格格不入，这样长期下来，你就会慢慢地觉得自己矮了别人一截。你发现别人总是很优雅；你发现别人总是比你懂得更多；你发现别人对你的评价跟你实际做的不相吻合，因为你想要做到的事情总是不能如愿；你发现你越来越焦躁不安，越来越没有安全感；你希望自己能不再自卑，让别人刮目相看，但是经常以失败告终，这时，你开始怀疑自己的能力。

当你长大懂事后，你明白了这是你长期不自信带来的后果，你开始去发掘自己的内心世界，你发现这种自卑感已经根深蒂固，很难拔除。你可能每天想得最多的就是怎么去取悦别人，怎么得到别人的认可，你几乎已经忘了自己究竟想要什么，但你仍然总是碰壁。你很彷徨也很孤独，觉得生活好累，越来越没有意义，你不知道自己的人生还有什么追求的目标，你发现自己陷在很深的自卑感中，很难跟别人很好地交往和沟通。

自卑感是一种内心体验，它是由于自我价值被贬低或否定而产生的。这种贬低或否定可能来自外界，也可能来自当事人自己，不过更多的时候是两者兼而有之。

许多自卑者总是陷入自我的否定，觉得自己一无是处，觉得人生毫无希望，因而万般苦恼。

日本九州大学名誉教授关计夫毕生从事人类自卑感研究。他认为：因自卑感而沉沦甚至毁灭的事例，历来并不鲜见，但正像珍珠贝受损伤后自己会孕育出美丽的珍珠一样，被自卑感困扰的人只要经过有意识的训练，也会磨砺出完美的人格。关计夫甚至说过："全然没有自卑感也就绝不可能成为一个卓越的人。"

基于关计夫的理论，我们可以说：在某种程度上，自卑感是走向成功的踏板。

及时发现自卑感，承认它，并设法弥补它，这样更有助于我们达到人生的目标。贝多芬这样全世界公认的音乐家，爱因斯坦这样杰出的物理学家，拿破仑这样伟大的军事家都曾是自卑感的俘虏，但他们及时克服了自卑感，并加以善用，终于成为伟人。

"自信是在不自信中成长起来的。"一位资深的心理学家曾这样说过。

每个人都有自卑的情绪，就看我们是如何对待它。如果你一味沉浸在自卑情绪中，那么你将一事无成。如果你能化自卑为力量，辩证、客观地看待自己的优缺点，既不骄傲自满，也不妄自菲薄，自信地鼓励自己"我行，我能成功"，相信你必会将自己的自卑心理摆脱得一干二净。

我们不能因为自己某些方面的缺陷就产生自卑，以致对生活感到厌倦和绝望。客观冷静地看待它，它自然就能成为你努力摆脱目前困境、超越自我的巨大动力。很多伟人，生平就是一部从自卑到自强的奋斗史。不如让我们一起带着信心上路，在自信的天空中展翅翱翔，追寻自己的目标。

"自信人生二百年，会当水击三千里。"拥有自信，奋力拼搏，成功就是这样简单。

别让你的人生在犹豫中沉默

我们可能遇到过这样的困难：面临事情的复杂局面，常常不知道要如何选择、如何去做，或者说不敢去做。即使面对的是机会，也会因为各种顾虑而犹豫徘徊，终至退缩。

其实，这种困难并不是外界给予我们的，而是我们自己给自己的，是因为我们自己内心对改变存在恐惧，对未知未来存在担忧，对自己的能力不确定、不自信。可是人的一生，总是需要尝试着去做一些事情，否则我们永远都会安于舒适区，不思进取，白白浪费上天给予我们的一切。不管结果是否成功，试过才知道自己行不行，也只有这样，才能使我们的人生不留遗憾。

如果我们连去尝试一下的勇气都没有，我们又凭什么歆羡嫉妒别人的所得？凭什么抱怨命运对我们的不公？姚明有一句话说得特别好："努力不一定成功，但放弃一定失败！"

凡是遇事犹豫，终究毫无改变的人，其实就存在一种畏惧心态，他们对自己不自信，也缺乏行动力。拥有这种性格的人，常常会眼睁睁地看着机会溜走，却在后来追悔莫及；而原本属于他们的东西，也终究会悄悄地溜到别人手里，徒留他们自己在原地抱憾叹息。无论是在人际关系的处理上，还是在普通生活琐事的处理上，这种遇事犹豫、裹足不前的心态是绝对要不得的。无论结果如何，我们都必须先去努力尝试。

　　亦凡是个刚进学校的辅导员，最近受领导的委托，帮学工部做一个秋季教学成果纪念册。这本来是由另一个专门做数据报表的部门负责的事，没想到落到了他这个新来的辅导员身上。因为是领导委托，亦凡只能认真去准备。前两天那个部门的负责人急匆匆地打来电话询问进程，跟亦凡说学工部急用，只给一周的期限，怕来不及，没法交代。

　　那个部门的人最近都出差了，而剩下的人都没有足够的技术去做这件事。亦凡之前也没有系统地学过相关的软件，但是任务已经下达，他必须尽可能地摸索学习和制作。

　　在另一位辅导员的帮助下，这本纪念册终于初具规模，于是亦凡把文件发给了原来负责这项工作的部门的负责人，希望他能够处理剩下的图文部分。可是没想到，该负责人却给亦凡打来电话，称不知该怎么将文件打开。

　　亦凡无奈之下，只好用自己仅有的一点知识循序渐进地指导对方怎么做。这个负责人却犹豫着说自己没接触过，希望他能亲自过去演示一遍。亦凡还是希望对方能够自己先尝试，有问题再沟通。

　　这件事让他意识到，很多人对某些事情能否做到的难度认识是有偏差的，或许明明只是一件非常简单的事，人们却在头脑中下意识地先将它定性为复杂，所以不会，自然也就做不到了。

但其实，人们到底在犹豫什么呢？是在惧怕失败，还是人性中隐藏的懒惰让人们下意识地拒绝去尝试？

在电影《初恋那件小事》中，女主角一直暗恋男主角，也为了男主角而一直努力尝试让自己变得更优秀，后来两人却阴差阳错地分开了。所有的爱恋都结束在那个毕业的季节，两个人的感情也因此画上了一个中止符，无端地分别多年。如果不是后来命运又让两个人相遇，这一段默默萌生、坚持了那么多年的盛大暗恋，可能只会成为两人人生中一场遗憾的回忆吧？那么假如当初，他们能够早一点告知对方自己的感情，把误会解释清楚，会不会是另外一番结果？好在他们终归是幸运的，能够重逢，能够继续多年前的爱恋。

而现实中，很多人都没能像他们那般幸运，更多的人就是这样失去了原本应该得到的幸福。一时的转身，终生的错过，徒留遗憾和叹息。

去尝试吧！不要让自己的人生在犹豫中沉默，不要让多年后的自己还要悲哀地缅怀：如果当初勇敢一点，结局会不会不一样？

耐得住寂寞，才能守得住繁华

著名的绘本作家幾米说过这样一句话："我不了解我的寂寞来自何方，但我真的感到寂寞。你也寂寞，世界上每个人都寂寞，只是寂寞都不同吧。"这句话贴切地揭示了现代人心中的一个共同感受，那就是寂寞。

世人都有寂寞的时候。独自一人坐在清冷的桌前，好似荒漠里离群的迷途羔羊，无所依傍。这种难以言表的滋味在生活中偷袭过太多人的心。烦恼是孤独的序幕，寂寞将孤独延伸，空白则是孤独的高潮，有的人会对它俯首称臣，却也有人用它成就精彩的人生。

一个内心淡定的人，是不畏惧孤独和寂寞的，因为知道自己是谁、要什么和怎么做，所以从不慌张和忙乱，更不会因为没有他人的陪伴而不知所措。但是他们会享受孤独和寂寞，对他们而言，孤独和寂寞是充实生活中必不可少的，他们在孤独和寂寞中，充分审视自身和过去，并从中对未来有不一样的憧憬和向往，所以他们能够在今后的繁华中保持淡然和独立，并依旧在繁华中为孤独留有一席之地。

孤独让人远离喧闹与尘嚣，不为流言蜚语所羁绊，不为权力富贵而踟蹰，精神上无拘无束，自由自在，灵魂就在自我营造的大地里净化升华。芸芸众生中获得事业的成功并依然不断进取，创造宏图伟业的人无不是能够耐得住寂寞并守得住繁华的人。

得闲时对着窗前的明月，沏上一杯清香的茶，手捧一本好书，任思绪神游；或独自一人漫步在山水之间，让心灵与自然亲密接触，静静地体味安逸、悠闲、宁静与轻松，不浮躁、不媚俗的安宁生活，岂不是很惬意？寂寞孤独的人生一样可以绚丽多彩，关键在于你如何去驾驭。

记得曾有人说，孤独像一杯苦咖啡，苦涩的味道让人难以忍受，但唯有承受这种味道，才能让自己跻身于另一种生活。虽然我们可能还未经历过波荡起伏的人生，或许不曾有过刻骨铭心的感情，但懂得品味孤独，享受寂寞，那么我们也能体会出一种脱离喧嚣的淡然，一种不入凡尘的清净。

　　德国著名作曲家巴赫在很小的时候，他的父亲曾严肃认真地对他说道："只有耐得住寂寞，才能看到成功。"

　　巴赫才几岁的时候，他的一位叔叔就已成为一位有名的指挥家了。叔叔发现巴赫具有很难得的音乐天赋，并且非常热爱音乐，于是，他与巴赫的父亲商量，希望送巴赫去专业院校学习音乐，并且期待他能够在以后成为出色的音乐家。经过叔叔的劝说，巴赫父亲最终同意送巴赫去往音乐的殿堂。

　　巴赫年幼，父亲就一直陪伴在他的身边，父亲发现他很快就学会了五线谱后，终于相信巴赫具备的音乐天赋。不过，父亲还是耐心地对他说："在音乐的学习上，需要循序渐进，不可急于求成。等待成功是一个非常寂寞的过程。不过，你要明白，如果耐不住寂寞，你最好马上放弃学音乐。"

　　巴赫对父亲的话表示赞同并牢记于心。他每天都坚持识谱，学习新的音乐知识。最初的时候，他主攻小提琴，不断地练习拉小提琴的各种技能，悬肘、运力、推动等，每天都练习无数遍。学过小提琴的人都知道，每一个单调的动作拉出的声音可以说很难听，许多初学者就是因为忍受不了这些而选择放弃的。然而，巴赫坚持日复一日地练习，从未放弃。据称，巴赫每天都站在自己家的草坪上练习拉小提琴，每当手指疼痛不堪之时，他就抓草地上的草来缓解疼痛，时间一长，他练习小提琴的那块草地居然被他拔光了。

极富音乐天分的巴赫不仅学会了拉小提琴，在那之后还学会了拉中提琴及管风琴等。巴赫刚满 18 岁的时候，就已经成了经常出入教堂和宫廷的小提琴师及管风琴师。

巴赫的儿子曾经在一本书中讲到了父亲出色的小提琴演奏水平："无论青年时代还是中年时代，他的小提琴演奏都如此炉火纯青，动人心弦，并且最为惊叹的是，他能控制必须用古钢琴才能控制的乐队。"

演奏乐器，并不是巴赫的全部才能，真正让巴赫享誉世界的是他在音乐创作方面的成就。只不过，巴赫活着的时候，是靠管风琴出名的，他的音乐创作一直不被当时的音乐界认可。巴赫一生的作品多达二百部，但是直到他去世后近百年，他的作品才渐渐被人们接纳。

"耐得住寂寞，才能等到成功。"这是巴赫一生的座右铭，也是他对艺术追求的真实写照。巴赫的故事，观照着现今人们浮躁和急功近利的个性，或许具有非常好的现实指导意义。

北京师范大学教授于丹说她喜欢这样一句话："冠军永远跑在掌声之前。"跑在掌声之前，也就意味着他们要跑在无边的寂寞里，这才是冠军真正的含义。

耐得住寂寞才能守得住繁华。在通往成功的路上，每个人都会经历一段没人理解、没人帮助的黑暗岁月，当回望这段时光时，你可能会被自己感动，而这段时光，恰恰就是沉淀自我的关键阶段。

有人说："昨天很痛苦，今天更痛苦，虽然对明天充满期待，可是，绝大多数的人还是止步于今天晚上。"例如，有个人需要踏过100个阶梯才能到达天堂，可是，他在最后一个阶梯前面倒下了，这就是为山九仞，功亏一篑。所以，要想破茧成蝶，总需要经历一段寂寞的时光和难耐的痛苦，只要你坚持走到最后一步，就会达到自己的目标。而想要不断攀爬人生的高峰，你必须在取得一个阶段的成功之后，不为成功带来的鲜花和掌声所淹没和陶醉而停滞不前，而是能够淡看风云变幻，重新迈出奋斗的脚步。

从欲望中突围，在诱惑中自律

自律就是管住自己、管好自己，它能使人自知，能使人养成良好的行为习惯，能使人学会战胜自己，能使人获得心灵的真正自由，还能使人高尚起来……不管遇到什么诱惑，自律的人始终能明确自己的目标，明白自己想要的是什么，并坚定地走在奋斗的路上。正如孟子所云："富贵不能淫，贫贱不能移，威武不能屈。"

一个男青年在广州打工，因为努力上进升了职，需要与外商交流。但是他的英语水平实在不高，常常无法明白外商的意思，为工作带来很多不便。他决心学好英语，放弃了在广州的工作，来到北京。

他在清华大学找了一份厨师的工作，因为这是他梦寐以求的地方，这里有着最好的学习环境和学习氛围，他相信这是能够让他学好英语的地方。

广州的朋友们劝他回广州和他们一起创业，都被他谢绝了，他不想半途而废。每天下班后，他并不回宿舍，因为那里的同事们辛苦一天，常常要休息、聊天、打牌和喝酒。他去自习室看书。

同事们发现他在学英语，都很佩服他，还常常劝他注意休息、出去游玩。聚会也好，婚礼也罢，他大多推辞掉了，把自己的大部分时间和收入都投入英语学习中，从不放过任何学习英语的机会。渐渐地，他掌握了许多菜名的英语表达方式，从此在清华大学的食堂里，第一次出现了用英语售餐的厨师。这令很多清华学子感到既惊讶又敬佩。很多人慕名而来，为的就是见识一下这位厨师流利的英语。

后来他又自学了许多课程，通过了大学英语四六级考试，托福成绩达到了630分的高分。他的英语水平令很多专业学生都自愧不如。这个人，就是有"英语神厨"之称的张立勇。如今他已经是清华大学的一位行政助理了。

可能在很多人眼里，张立勇的学习精神固然可贵，但他的一些做法似乎太不近人情，在他的身上只有学习，而没有享受，甚至连人生基本的乐趣也没有。但就是因为他能拒绝外来的各种诱惑，全身心地投入学习之中，才有了今天的成功。

有个胖子，体重接近300斤，看到别人轻松地又跑又跳非常羡慕，而自己上个台阶都要喘，于是下定决心减肥。

他准备从节食开始，每天只吃水果和少量蔬菜，坚决抵制高热量食品，将饭量减到以前的1/3。但没过几天他就饿得受不了了，开始偷偷地吃肉、鸡蛋，还有他最喜欢的炸薯条。一个月下来，不但没有瘦，反而又胖了10斤。

他听说运动能减肥，难得地在早上6点起了个大早去操场上跑步。他有十多年没有运动过，才跑了半圈就累得汗流浃背，咬牙坚持跑了10分钟，就一屁股倒在地上不想起来了。第二天他感到腰酸背痛，在同学的劝说之下勉强跑了两天就停了。他觉得跑步太累，自己肺活量不够，不如练俯卧撑，可他的胳膊根本无法支撑他沉重的身躯，没过几天又不练了。有人请他去吃饭，刚开始的时候他还一本正经地说自己正在减肥，不能去，但禁不住朋友的再三拉拢，又想到美食的滋味，忍不住流口水，就去了。他心想："都减了这么多天了，也别太苦着自己了，没事，就这一次。"可有了第一次，第二次就更不好拒绝，锻炼的那一点成果很快就被抵消了。各种减肥药都试过了，可最终都因为他无法忍受节食带来的饥饿感而半途而废了。于是他依然每天拖着沉重的身体，继续享受着他的美食。

这个男孩子既抵挡不了美食的诱惑，也没有足够的自律能力，所以他的减肥计划只能胎死腹中。

鲁迅说："哪里有天才，我是把别人喝咖啡的工夫都用在工作上罢了。"贪图享受、好逸恶劳必然使人荒废堕落，只有做到专心致志和拒绝诱惑的人方能大展宏图。

暂停一下，给生活来点节奏感

在现代化大都市中，人们的生活节奏越来越快，我们每天都能看到匆匆忙忙赶着上学、上班的人们。他们总是疲惫不堪，但自身的生活并没有因为忙碌而有大的改变，心理长期在这种重压下变得脆弱，最终变得异常躁动和焦虑，有的甚至付出惨重的代价。

随着社会的不断发展，忙碌的生活已经成为常态，加之人们都想要过更好的生活，追求更多的财富或者更大的名气，常常因此忽略了人生中很多其他重要的东西。为了更有力地奋斗，我们需要偶尔暂停一下，放松身心，充分休养生息，同时利用一些时间反思自己的学习和工作，为今后的努力找准方向。正所谓"磨刀不误砍柴工"，说的就是这个道理。

有个酒鬼，怀疑自己喝醉时误吞了一个酒瓶子。为此他每天担心不已。后来，他到医院要求开刀取出它。医生检查后说他体内并没有酒瓶子，他不信。最后，医生不得不给他开刀，然后拿出一个预先准备好的酒瓶子给他看，以消除他的疑心。谁知道，他说自己吞下的酒瓶不是那个牌子的。医生无奈，只好再开刀一次。此人没病，却挨了两次刀。

我们在笑过之后，仔细对比我们的人生，会不会觉得自己与这个醉鬼有相似之处呢？我们每天处于重复的忙碌之中，沉醉不可自拔，可我们真对自己的生活和工作了解得十分透彻吗？当你也有这样的迷惘时，也许是你应该停下来，享受一下慢节奏的生活的时刻了。

当你停下慌乱的脚步，慢慢享受生活的时候，你也许会发现，自己本来追求的完美境界并不存在，它只是一个不切实际的构想，甚至不能带给自己真正的欢乐。相反，当下的不完美或许才是让自己感受真实快乐的所在。

曾经有位画家，发誓要完成一部最完美、最壮丽、最无与伦比的作品。他渴望超越以往所有的伟大画家，以达到人类艺术史的极致。

为了实现这个梦想，他把自己关在画室里，与世隔绝。有人问他"进展如何"，他不屑告知，只说"还不够好，还不够好"。

一年又一年，画家的作品久久没有问世，他却生了重病，最终在贫病交加中离开了人世。当人们清理他的画室时，有人好奇地查看他的作品。他的画架被一幅巨大的帷布遮住，人们猜测那肯定是画家的"完美之作"，于是抢着看。

不料，在帷布打开的瞬间，人们都惊呆了。哪里有什么完美的画作，那不过是一张被各色颜料涂抹得一塌糊涂的画布，没有线条，没有配色，没有草稿，简直是块调色板。

后来，人们找到了画家的遗书，才清楚个中原因。他说，他一直渴望完美，不断否定自己，画稿被反反复复涂改多遍，直到面目全非。他再也没有勇气改下去了，他几乎耗尽了一生精力和心血，却什么都没得到。

在适当的时候停下来，就是不去追求所谓的"完美"，而要有思考和休息的时间。绝对的完美是不可能存在的，它只会诱惑你在不断追寻的过程中失去自我。

停下来，暂时忘却生活中的各种纷繁打扰，让现在疲惫的心休息片刻，如果心灵蒙尘，就为心灵洗去尘埃，以便更好地认清自己和前路。当你真正放下"凡尘"，你会发现，原本担心的事情或许根本不足为虑，原本汲汲营营钻研和在意的事情也没有那么重要。

有这样一个故事，一个人一直梦想自己有一所海景大房子，希望能够在里面享受喝着红酒看海的惬意时刻。他辛苦很多年，终于贷款买了一套海景房。为了还房贷，他不得不繁忙工作，以支撑日常的消费。可是房子太大了，他无暇打理，于是请了一个钟点工为他服务。钟点工发现这所房子的外景实在太美了，每天按时打扫完毕，就倒上一杯红酒，惬意地躺在竹椅里看海。

这个钟点工每天享受着房主曾经梦想的生活，而房主劳碌奔波，虽然有了房子，却忘记了初衷。

我们每天马不停蹄地工作，无非是希望能过上更好的生活，那么更好的生活是什么样的呢？是大一点的房子，多一点的存款，还是让自己有能力随时都能自由分配自己的时间，并享受宁静和安然呢？恐怕更多的人都会选择兼而有之吧。那么何妨偶尔停下来呢？彻底让身体放松，让头脑放空，只感受明月清风，看夕阳落英，享天伦之乐，或许，你会在其中发现生活的真谛，从而更享受奋斗和努力带给你的成就。

人生低潮不是运气差，
是生活给你放的假

中国古语说："进则有为，退则修身。"意指做人做事，入世之时必须做到有所作为、有所建树，而出世之际也要修养身心，以待时机成熟，再入世时便可开疆拓土。在这个高速发展的现代社会里，这句话依然适用。如果现在的你正深陷人生低谷，那么你可以告诉自己：这是生活给我的一个假期，让我"修身"，以待时机成熟再次"有为"！

无论在生活还是工作中，世人皆会因遭遇某种挫折而深陷低潮。在很多人看来，处在低潮期非常糟糕，这个时候诸如"我怎么那么倒霉啊""我的运气真差""我的命运真惨"等类似的泄气话便成了平时的口头禅。

在他们看来，一些人为不可控制的因素是导致自己挫折的终极因素，将一切过错推到命运身上。可是一味地怨天尤人除了让自己深陷负面情绪从而让自己的困难处境越来越糟，还可能把时间拉长，对重新出发毫无意义。既然如此，遭遇挫折、深陷低潮期时我们应该怎么办呢？

曾经有这样一则寓言：

一头驴子不小心掉进了田地中的大坑里，主人见坑深，驴又老了，并没有找人把驴子救上来，而是转身走了。驴子很伤心，心想自己为主人干了一辈子的活儿，现在自己落难主人竟没有拉自己一把。

村民们见驴子的主人都不想救驴子，谁也不爱管闲事，纷纷"落井下石"，将自家田地里的垃圾和多余的土块石头都往驴子身处的深坑里扔。驴子嗅到了食物的味道，开始吃垃圾中的食物，并且将那些废弃的垃圾踩在脚底下。日复一日，驴子不仅没有死去，反而越来越接近坑口的地面。终于有一天，驴子靠村民丢弃的垃圾生存下来，而且重新获得了自由。

深陷低潮的我们就像寓言中的驴子，初逢挫折，谁不是自怨自艾呢？但我们也可以像驴子那样，寻求"垃圾"中的有用资源，吸取挫折中的经验教训，继续成长，寻求提升的台阶。

所以，当我们身处低谷时，我们要告诫自己：没有一条人生之路是一路畅通平坦，毫无荆棘和坎坷的。翻阅古今中外的史书和人物传记，我们会发现很少有成功的人士一开始就能一帆风顺，谁不曾与机遇擦肩而过？谁没有受过质疑？谁没有遭遇过挫折？我们完全不必将失败归咎于命运。因为命运之神是非常公平的，古人讲"失之东隅，收之桑榆"，就是教诲我们，即便在某处先有所失，那么在另一处也一定会有所得。

失败很多时候是给你反思自己和继续学习的机会，也许是自己的专业学识不扎实，也许成事稍欠火候……无论原因如何，我们都应该从挫折、低潮、失败中成长，让自己日臻完善。

宋川是"SOHO一族"，靠做插图为生。一直以来他都是以日系插图见长，虽然在家"办公"，但是已经在业界初露锋芒，因此来找他为自己的作品绘制插图的人源源不断。

谁知半年前，一位老主顾打电话给宋川，要求宋川绘画一系列美系的作品。美系作品并不是宋川的强项，但是宋川不想失去这位老主顾，于是答应下来，没承想冲动许诺却给自己带来了一些不良的后果。

宋川无疑在绘画上有一定的造诣，但是跨系绘画还是有很大的难度，要研究用笔，要琢磨绘画技巧，还要创作出自己的特色。即使他绘画经验颇丰，一段时间后，宋川还是稍感吃力。

最重要的是，在研究美系绘画的过程中，宋川不得不推掉其他绘画的合作，这样一来他便失去了经济来源，只能靠自己的积蓄生活。更糟糕的是宋川将自己的作品发给那位老主顾的时候，老主顾否定了他的努力，认为他没有按照自己的要求进行创作。宋川听到这里非常气愤，但是老主顾的另一番话使宋川振作起来："宋川，我知道你现在可能非常懊恼，觉得不应该盲目冲动地答应我的要求，但是你知道吗？只要你换一个角度来想的话，就能想到，没有我，你不可能这么快就跨领域来创作绘画作品吧？其实现在社会需要的是全才，我交给你的工作也许一开始很难，但是只要你深入学习，相信你无形之中会有意想不到的收获。你说对吗？"

原本泄气的宋川又有了创作的动力，他开始安下心来好好创作，终于完成了老主顾交给他的工作，更重要的是，他的绘画能力得到了质的提升，风格领域也得以拓展。

著名心理学家贝弗士奇说："深陷低潮而不气馁，是制胜成功的关键。"贝弗士奇表示："世界上每一位成功人士的成功都是缔造于低潮之中，那些肉体上的痛苦、精神上的压力都是成功的助推剂，没有一个人是不遭受困扰就可以随随便便成功的。"

每个人都会遭遇自己人生中的低潮，但正是有了低潮，才有可能创建自己的巅峰。只要你正确看待低潮期，理性分析遭遇低潮的原因和低潮时期的自己，并运用一切可用的资源去抵住低潮的黑暗，确定正确的方向并去努力，那么总有一天，你会攀登上辉煌的高峰。

应付糟糕的日子，
拿出信心去拥抱希望

卡耐基曾经说过："自信才能成功。"因为自信可以拉近你与希望的距离，可以创造奇迹。如果一个人没有自信，对人对事都缺乏基本的信心，那就很可能陷入无力自拔的状态，导致一事无成。无论何时你都要相信，"希望"不单单是一种对未来的渴求，更是我们生命中不可或缺的一部分。

我们总是把"好的开始是成功的一半"挂在嘴边，可是一位西方哲学家说："拥有自信是成功的一半。"从古至今，自信缔造了无数的成功人士，李开复就曾经说过，"自信是潜能的放大镜"。只要拥有坚韧不拔的对未来和自己的信念，就能激发我们的潜在能力，成为我们奋斗的助推剂。总是有人习惯将自己暂时的失败归咎于自身的缺陷，给自己造成了危害极大的压力，却疏忽了过度的自责给自己带来的自卑，从而使自己与成功的距离越来越远。

桥南去年因在学校表现优异，成功申请到去美国留学一年的机会。美国的都市气息一直深深地吸引着桥南，因此她非常珍惜这次留学的机会，而且异常兴奋。但令人意想不到的是，这种兴奋并没有维持很久。

国内的英语倾向于应试教育，对听力和口语的重视程度和训练相对薄弱。桥南来自南方，即使说普通话都有浓重的口音，更何况是在异乡用另一种语言来交流。这样一来，桥南上课时听不懂老师的授课内容，下课了不能用流利的英语跟同学们交流，很是沮丧。

时间一长，桥南开始找各种各样的借口逃课，也不接受任何社团的邀请。更严重的是，桥南渐渐对自己失去信心，后悔来到美国做留学生，并且非常想念在国内读大学的那些日子。桥南不好意思把这些在异国的遭遇讲给国内同学，害怕被他们笑话。幸好同宿舍的汉娜帮助了桥南。

汉娜来自日本，跟桥南一样，虽然会说英语，但是由于带有独特口音，常常被同学嘲笑。她并不像桥南那样逃避和怀疑自己，在课堂上总是尝试主动回答老师的问题，课后频繁跟同学们口语交流，这样一来不仅口语得到了锻炼，还拉近了和同学们的关系。

汉娜对桥南说："世界上没有第二个桥南，所以你要好好珍视你自己啊！"这句话深深打动了桥南，桥南开始审视自己的问题，并且加以改正。半年后，桥南不再是那个羞怯得不敢在大家面前说话的中国女孩儿了，反而成为全校最厉害的"俚语王"，英语听说能力的提高也让她变得更加自信，并且拥有了自己的社团。

每个人都有或大或小的心理问题，有一种心理问题大家都有，只是程度不同罢了，那就是缺乏信心。这个信心有两个层面：一是对自己缺乏信心，二是对自己以外的世界缺乏信心。

我们姑且先讨论一下缺乏自信这个层面。一个人缺乏自信，很有可能会与成功失之交臂。上文中的桥南非常优秀，因此得到留学的机会，可是在异乡却因语言问题而开始质疑自己，对自己失去信心，导致出现逃避、不敢面对正常生活的现象，后来在汉娜的帮助下开始正视自己的问题，又逐渐建立了自信。

中国有句古语："胜人者力，胜己者强。"这句话强调的主体就是战胜自己，它告诫我们：战胜别人的人是有力量的人，而战胜自己的人才是强者。这与西方学者弗兰克说过的一句名言有着异曲同工之妙。弗兰克说："如果你是懦夫，你就是你自己最大的敌人；

但如果你是勇者，你就是你自己最大的朋友。"

古今中外的很多名人逸事告诉我们：真正的敌人不是来自外界，而是我们自己，我们顿悟战胜自己心中的狡點，取得自信，那么我们就战胜了一切，也就能够造就最大的成功。

放下过去，你才能奔向明天

在电影《新警察故事》里，成龙扮演的警察陈国荣就是活在回忆里的人。原本，陈国荣是精英警员，警区内的大案几乎都由他侦破，享誉全警，风头无人能及。但是在一次抓捕行动中，他带领的9名精英警员都被罪犯残忍杀害，包括女友的亲弟弟也未能幸免。陈国荣虽死里逃生，但是从此一蹶不振，他闭上眼睛就看到那些同事牺牲时的惨象，他痛恨自己的无能，不仅与女友分了手，还整日酗酒，一副破罐破摔的模样。后来，陈国荣碰到了一个愿意把他从痛苦中拉出来的朋友郑小锋，最终走出过去的困扰，勇敢地面对现实，查出了幕后的真凶。

生活中，很多人会因为命运不济，遭遇灾难而陷入往事囹圄。很多时候，他们往往没那么幸运能够遇到一心一意要拯救自己的"贵人"，因此，他们之中很多人面临的结果是无休止的堕落及对自我人生的放弃。

可是这样做毫无意义，既不会改变过去，还会让自己的生活陷入泥淖。倘若他们能够正视和接受过去的失误、失败、痛苦、绝望和悔恨，从中找到真实的自己，继而改变那样的自己，反倒能够补偿曾经的人生。这个过程就是放下过去的郁结，接受新生。

放下过去是一种智慧。无论你经历过怎样的苦痛，过去都不值得你频频回望和沉湎其中，总在无意义的伤痛与悔恨之中沉溺，你的人生会愈加陷入低谷。总有一天，你会发现自己的迷茫、犹豫和裹足不前，只会让原来的结局变得更加难以弥补，是错上加错。正如泰戈尔在诗中吟唱："如果你因为失去了太阳而流泪，那么你也将失去群星。"

某超市公司进驻中国内地市场之后，立刻俘获了不少消费者的心。他们在内地的市场份额中占据了一席之地后，又决定进驻中国香港市场。不幸的是，这家超市刚进入香港市场不久，东南亚就发生了金融危机，严重影响了香港地区的经济，香港民众的消费水平大幅度下降。这家超市既看不到利润，也没有达到预期的市场占有率，只有连续不断的亏损。坚持了三年之后，他们毅然决定"快刀斩乱麻"，用"短痛"结束"长痛"。后来的事实证明，他们这一举措避免了更大的损失。

不只是企业，我们普通人也是如此，要保持一份适时放弃的智慧，以及时止损，保全自己的利益。所谓"舍得"，就是有舍才有得。一味死撑，只会让自己原本辛苦经营得来的利益全部"沦陷"。我们知道，一艘大船遇到意外，却因船体过重而无法逃离时，船长必须当机立断，扔下部分相对次要的东西，以求轻舟前进，获得生机。所以，在某些特定的情况下，卸掉一些包袱，或者舍弃一些利益，才能让你的人生充满希望。

敢于冒险，在意外中收获惊喜

我们之所以说忙碌也是一种快乐、一种幸福，不仅在于忙碌的我们是充实的、有价值的、能有所收获的，同时也在于，我们在一个机遇无穷的世界里忙碌着，也许哪一天就将会因为我们的努力付出而获得意外惊喜——在意外的机会中获得意外的成功。因为这种未知，所以忙碌和努力常常让人拥有希望和幸福。

当然，要想获得这种意外的惊喜和幸福，就要有一些冒险精神，敢于在未知的世界里探索，这样，才有可能抓住珍贵的机会，实现自己的梦想。但是，对比我们现在的生活，那种未知的充满诱惑和风险的风光和惊喜总是显得遥远。因为我们已经习惯了这样的常态：按时上下班，做重复的工作；下班后偶尔聚餐，大多数时候回家做饭、做家务；每个月领同样的薪水；每个休息日和同事、朋友进行差不多的娱乐活动……在这种非常固定的生活模式中，如果我们安于它所带来的"稳定感"和"安全感"，那么，我们身上那种对外面世界的好奇心和冒险精神就会被磨灭，从而一生都过着平凡庸碌的日子。

我们扪心自问：真的满足于一生过这样的日子吗？如果答案是否定的，那么不妨打破目前的"平静"和"安全"模式，充分分析自己的优劣势和客观条件之后，让自己试着去冒险，去未知的世界里探索一次。要知道，你努力的成本越高，你获得的利润才可能越丰厚。

瑞查德是一个美国黑人，他家境普通，学历普通，找的第一份工作也很普通。在参加工作后的 12 年里，他和其他普通销售员一样，为一家公司推销肥皂。但他与普通人不一样的是，他打心底不甘于一辈子做这份一成不变的工作，他希望自己的人生有所突破。

这种随时在关注机会的人，会很精准地抓住机会。他听说一家肥皂公司要进行转手，售价是 15 万美元。出于对行业的了解，他知道这家公司生产的肥皂是很有市场的，于是决定买下这家公司。但他面临着一个资金问题，他手中只有 2.5 万美元。瑞查德与那家公司达成了协议：他先交 2.5 万美元保证金，然后在 10 天内付清剩下的 12.5 万美元。但假如他不能如约交付剩下的款项，那么他不但得不到公司，还会丧失保证金。这样一来，他将会在一夜之间破产，还有可能背负高额的债务。

想来想去，瑞查德还是决定试一试。他为筹集资金想尽了各种办法，东拼西凑后，在最后期限，瑞查德终于筹齐款项，买下了公司。瑞查德经营公司之后，由于他在该行业经验丰富，在管理上也肯下功夫，生意日渐兴隆起来。很快，他又开了其他的分公司。不久之后，他就成了拥有七家公司和一家饭店的富翁。

没有一个机遇不与风险相伴，如果你追求绝对的安全，你将不可能抓住改变命运的任何机会。如果你有冒险精神，你为之付出的忙碌辛苦，才有可能得到更大的回报。

两个出身贫寒的小男孩一直生活在美国的一个小镇里，靠给别人打零工来养活自己。有一天，两个男孩听大人们闲谈，得知纽约是一个有很多机会的地方，但也有很多的不良诱惑。也就是说，到纽约寻求机会的人们，既有大富大贵的，也有沦落街头，甚至身陷囹圄或人性堕落的。

这天晚上，两个男孩都无法入睡，他们打着自己的算盘：如果我到纽约去闯一闯，说不定将来也能衣锦还乡，但也有可能在纽约街头当乞丐；如果我继续留在这里打工，那么虽然不会沦落到要饭的地步，但也难有机会做一番大事……这样辗转了一晚之后，小男孩甲毅然辞掉了工作，起身前往纽约；小男孩乙犹豫再三，最终还是选择留下来，不想去纽约过担惊受怕的日子。

9年后，昔日的小男孩甲已成为西装革履的成功人士——他真的衣锦还乡了。当他走到村口，找人给自己擦拭那双沾满泥土的皮鞋时，发现那个擦鞋的人十分熟悉——他就是当年没能跟自己一块儿去纽约闯荡的小男孩乙。

平庸和成功之间，往往就隔着一条叫作"冒险"的河流。如果你只在"安全"的这一岸安然度日，那么，你忙碌一生也得不到骄人的成绩和优质的生活。"富贵险中求"，只有当你愿意渡过河，到岸的另一面去拼搏时，你才有可能登上辉煌的山峰。

路要自己走，没人能扶你一辈子

人，应当自立，做到不让自己的决定受到任何外界事物和人的牵制，也不要想着依附他人，永远只是他人手中的枪，而不能控制自己的人生。一个人如果有了依赖思想，主要表现在：不再奋进。法国大文豪雨果曾说："我放逐生命，宁肯依靠自己的力量打开自己的前程，而不愿去向有能力的人请求帮助。始终相信，自己才能战胜生命。"因此，自我独立的表现主要有：不依赖，自力更生，自立自强，勇敢地承担起自己的人生责任。

莎士比亚出生在英国一个富裕的市民家庭，但是，他并不留恋家中优渥的生活。他在 13 岁时离开学校，开始帮助父亲打理生意；16 岁时离开家乡，远赴伦敦想要实现自己的梦想。他自幼喜欢戏剧，梦想能够成为一名戏剧家，于是他在戏园子里找到了一份给观众看马的工作，此时他已身无分文。

后来，戏园的老板发现莎士比亚的头脑十分灵活，而且口齿伶俐，就让他去跑龙套或者提提台词。再后来，他又发现莎士比亚对于舞台动作和念台词方面很有见解，就把改编剧本的任务交给了他。这一切工作都是莎士比亚凭借着自己的努力一点一滴换来的。

此外，莎士比亚还在屠宰场当过学徒，给人做过书童，当过乡村教师，服过兵役，做过律师……为了谋生，他甚至远赴荷兰和意大利。他在独立谋生闯荡的过程中，不仅丰富了自己的人生经历，开阔了眼界，也为后来的文学创作打下了坚实的基础。最终，他以饱满的热情写出了 37 部剧本、两首长诗及 154 首十四行诗，为后世留下了宝贵的精神财富。

莎士比亚最终之所以能够取得成功就是因为他独立自主的态度，在面对困难的时候，他不依靠家人，而是选择自己渡过一个又一个的难关，这些经历为他的文学创作积累了大量的素材，使他在写作的时候可以得心应手。人应该是独立的，独立行走，不依赖，不盲从，不依附，因为没有人能帮你一辈子。

从前，有一对夫妇，晚年得子，高兴异常，所以对这一"老来子"十分疼爱，几乎不让孩子做任何事，这个孩子除了吃喝以外，什么都不会。就这样，这个孩子很快长大了。

一天，老两口要出远门，担心儿子在家没法照顾自己，就想了一个办法：他们临行前烙了一张中间带洞的大饼，套在儿子的脖子上，告诉他想吃的时候就咬一口。

可是，这个孩子居然只知道吃脖子前面的饼，不知道把后面的饼转过来吃。等老两口出门回来时，大饼只吃了不到一半，而儿子竟活活地饿死了。

这个故事告诉所有人，只有克服依赖心理，才具备生存的能力。"自己动手，丰衣足食"，就是这个道理。

我们不难发现，社会上有一些富家子弟，他们承受着教育的"温室效应"的毒害。教育的"温室效应"主要是指受教育者受到家庭、社会、学校，尤其是家庭方面的溺爱，造成他们任性固执、追求享受、独立性差、意志薄弱、责任感淡薄等弱点的社会现象。对于他们来说，消除对他人的依赖极为重要。

香港巨富李嘉诚的名字早已家喻户晓，尽管他拥有亿万家财，但对于子女的教育问题，他一直比较重视，并且，他非常注重培养孩子独立生活的能力，他这样做，是为了让孩子练就靠自己生存的本领。

李嘉诚有两个儿子，他们只有八九岁时，就遵循父亲的意思经常参加董事会，并且，他们不能只是旁听，还必须发表意见和见解。这样做的好处在于他们能看到长辈们是如何处理公司事务的，能锻炼和培养他们处理和分析问题的能力。

后来，他们都考上了美国斯坦福大学。毕业后，他们也曾向父亲表示想要在他的公司里任职干一番事业。李嘉诚断然拒绝了他们的请求。李嘉诚是这样对两个儿子说的："我的公司不需要你们！

还是你们自己去打江山，让实践证明你们是否合格到我的公司来任职。"

于是，他们都去了加拿大，一个搞地产开发，一个去了投资银行。他们凭着从小养成的坚忍不拔的毅力克服了难以想象的困难，把公司和银行办得有声有色，成了加拿大商界出类拔萃的人物。

李嘉诚教育孩子的方法无疑是正确的，父母作为孩子成长的坚实后盾，永远在孩子的身后给予他最多的支持与信任，越早放手越是父母对他们最好的爱。

从李嘉诚的教育方式中，我们也应该获得启示，凡事靠自己，形成独立的性格，才能真正成长为一个顶天立地的人。

人生成功的过程也就是个人克服自身性格缺陷的过程。如果一个人过于依赖他人，那么，它可能影响他未来的婚姻家庭等生活状况，也影响着他的人际交往、职业升迁、事业发展……因此，如果你有依赖性格，就必须从现在起，靠自己的努力克服。

你又何尝不是别人眼中的风景

"你站在桥上看风景，看风景的人在楼上看你。"

当住在平房中的你羡慕地看着生活在高楼大厦里的人时，也许无家可归的流浪汉也在羡慕着你那可以遮风避雨的平房；当你走在马路上羡慕坐在豪华轿车里的人时，也许坐在轮椅里失去行动能力的人也在羡慕着你……

所以，大千世界，我们每一个人在羡慕他人的同时，都可能因为身上拥有的某些特质同样引得他人的羡慕。

世界好比一座大型图书馆，而我们每一个人都如同一本厚厚的书。忽略自我的人，书中也不会有主角；迷失自我的人，书中不会有主线；埋没自我的人，书中甚至没有精彩的内容可读。

当网络上的富二代、官二代掀起一阵阵炫耀之风时，无数人沮丧地感叹：寒门再难出贵子，因为这是一个拼爹的年代……如果你因此而选择放弃努力，那就太可悲了。

有这样一个寓言故事。猪每天吃完睡、睡完吃，长得白白胖胖的，就等着被宰掉。它说假如能够再活一次，它最渴望做的是一头牛，因为牛虽然非常累，但是名声好、口碑好，活着也有劲头儿。牛却说，假如让它再活一次，它宁愿做一头猪，每天只想着吃，吃饱了就睡觉，睡醒了再吃，不用辛辛苦苦流汗受累，活得逍遥自在，一辈子没啥遗憾。天上的老鹰说，假如生命可以重来，它宁可做一只鸡，口渴有水喝，饿了有米吃，冷了有房子住，危险来了还有人类保护。可是鸡说，假如生命可以重来，它最大的愿望是做一只鹰，一只可以翱翔天空、云游四海，任意捕兔杀鸡的老鹰，要多威风有多威风。

这真有趣，原来我们都一样。父母总是张口闭口别人家的孩子怎么听话怎么优秀，孩子总是觉得别人家的父母怎么通情达理、怎么令人羡慕。我们总会不由自主地去羡慕别人所拥有的东西，羡慕别人的家庭、新交的朋友、高学历、薪水不菲的工作……我们从来没有好好想过，也许在另一个角落，这些我们羡慕的朋友，也会暗地里羡慕我们。每个人都有可能是别人羡慕的对象，因为人们经常忽略自己拥有的东西，只看到自己没有的东西。

人是这样不知足，却往往没有那个魄力去吃苦，去奋斗，总是拿自己认为的完美人生或世俗标准来判定自己不幸福、不幸运。可是人们忽略了，人们展现出来的往往都是光鲜亮丽的外表，那些痛苦和不如意不足为外人道，而且，很多时候，示弱无非自打耳光。

人们习惯于各种没有意义与价值的比较。一个单位的同事互相比较工资待遇，家长们互相比较孩子的成绩，婆婆们互相比较谁家的媳妇贤惠。人又有妒性，有时候越比越气，越比越不如意，为什么别人家的孩子总是那么听话啊？为什么别人家的家长总是那么通情达理啊？为什么人家就过得顺顺畅畅啊？在比较中，在对别人的羡慕中，我们甚至会失去自我，导致焦虑和暴躁，反倒影响自己的生活和人生节奏，使得原本良好的人际关系越发紧张。

浮于表面的羡慕与攀比，只会让自己整天活在他人的影子里，甚至会在这种影子里越发自卑，越发愤怒，最后可能转化为一种仇恨，转化成一种不良的社会风气。在这个信息发达的网络世界里，我们经常可以看见这样的新闻：某某因为仇富而报复社会，某某又因为嫉妒而毒害同学……

难道这个世界上就没有值得我们真心羡慕的人了吗？

当然有，而且大有人在！可是我们不应该仅仅羡慕那些人得到的比我们多，享受的比我们多。我们更应该体会他们是如何奋斗，背地里付出了多大的艰辛与汗水，才能达到今天的地位和成就的。

　　人，都有向往美好的心理，期望可以活得更加精彩，这是人之常情。可是，我们常常只看到表面现象，甚至用一些并不正确的世界观和人生观去指导自己的人生，妄自菲薄。如果我们羡慕某些人的生活和成就，那么就好好审视自身吧，看看你拥有什么样的条件，然后给自己设定切实可行的目标，努力奋斗。待功成名就时，你才是别人眼中真正的风景。

在急功近利的年代里，请不要躁动

　　当代社会正处在急功近利的年代。时光飞逝，人们步履匆匆，生活节奏紧张，加之电子产品的兴起和普及，交通工具的日益完善，人们已经习惯了生活时时处处的提速，以至于一旦需要等待，就变得焦躁不安。公交站台上不时翘首企盼，手机开机时抱怨时间太长，女友还不下楼，孩子磨磨蹭蹭，投入的金钱还不见盈利，创办的事业起色缓慢……可是啊，人生的很多时刻是需要等待的。从母亲孕育我们开始，我们就在等待，等待见到世界的一刻；降生后，我们在等待成长；成熟后我们等待爱情；和爱人携手后，我们又会等待新生命的降生，继而等待新生命的成长……周而复始，等待是生命当中不可或缺的存在。

有人说："人的一生，总是有所等待，有些人在等待中日渐消沉，有些人在等待中却绽放了奇光异彩。"

普雅花生长在南美洲海拔 4000 多米鲜有人烟的地方。据说普雅花盛开的时候非常漂亮，却仅有 69 天的花期，可是，为了这短短两个多月的绽放，它要等待 100 年。平常时间，普雅花总是安静地伫立在高山之巅。它在漫长的等待中承受着风吹雨打等恶劣的气候，可是它不急不躁，百年的盛放更显珍稀。

从前有一个男孩，他在树下等着心爱女孩的到来，他要对女孩表白，和女孩在一起。但是男孩心中忐忑不安，看着时针不停地走，他开始焦躁起来。他想："难道女孩想要拒绝我，所以不来吗？还是有什么其他的事情呢？如果她不来，我一直等岂不是很没面子，是不是应该先走？"

乱七八糟的想法汇集在他的心中，让他非常烦闷，异常烦躁。到后来他甚至觉得女孩迟迟未到是因为不尊重自己。这时一位老者路过，询问事情的缘由，男孩抱怨了一大堆，然后皱着眉说："如果能够直接知道结果就好了。"

老者听后给了他一块手表，告诉他："这块手表有着神奇的魔力，你可以将它的时间向后调，这样你就可以不用等待，直接知道结果。"男孩听后非常开心，毫不犹豫地将手表调到了两个小时后，他发现，那时，他心仪的女孩已经成为他的女友。但是他还不知足，继续调到了他们结婚的那天。他非常开心，也好奇起自己未来的生活。于是他再次拨动了时针……

他看到了自己的儿子，看到了儿子的成长，也看到了孙子的出生和成长。虽然这一切都让他非常满意，但是他发现曾经美丽的她衰老了，后来她去世了。难过的男孩想要逃避这个事实，但是时针无法回拨，他只能向前拨动。这一次轮到他躺在病床上，疾病缠身异常痛苦。他后悔了，他的人生如此短暂，他什么都没有认真去感受就要走到尽头，他不甘心，但是此时的时针只能拨向死亡了。

正在男孩绝望的时候，表针自己转动了，这次是反方向的，当他睁开眼的时候，他发现他仍在等待女孩的那棵树下，一切就像一场梦一样，他心爱的女孩正微笑着向他走来……

原来啊，有些等待正是上天给予我们机会去好好品味人生，珍惜所有所爱。

在急功近利的年代里，我们总是容易躁动不安，企图凡事一步到位，可是，任何事情都急不得。没有人是一夜长大的，也没有人可以一步登天。再远的路途，都得一步一步地走下去，这样才能真正地抵达终点。等待的过程有点漫长，或许还有点艰辛，而等待的结果却是未知的，就像是在不知尽头的时间跑道上长跑。可是正因为有了等待，成功才显得珍贵；因为曾经等待，爱情才更加甜蜜；因为有过等待，愿望实现的那一刻，才更加欣喜万分……

人生在世，免不了要经历等待，那么就让你的心沉静下来吧，我们的幸福并不只在于结局，也在等待的过程里，那可以深刻领悟的况味。

人生的真谛是等待，而等待本身就充满着不可言喻的内涵。青春不可或缺的是梦想，在实现梦想的过程中，必不可少的是等待，那种经历了孕育、萌芽、风雨、反抗和忍耐，终于绽放的花朵，在岁月的薄雾中，慢慢清晰起来。

第七章

乐观处世，能量满溢
——别让坏心态阻挡你前行的路

每个人都有自己独特的禀性和天赋，也拥有独属于自己的实现人生目标的方式和切入点。认准了前行的目标，只要一心一意、心无旁骛地朝着自己的方向努力，就能见到自己人生中的太阳，而不会被他人夺去锋芒。人生最好的状态，应该就像黄渤说的那句话，"这个时代不会阻止你自己闪耀，但你也覆盖不了任何人的光辉"，关键是你自己有闪耀的能力和资本。

心无旁骛，一心向前看

心无旁骛指在追求一个目标的时候，没有一丝杂念，以饱满的精神状态，迎接新的挑战，不断地扬弃，不断地创新，不断地跨越，不断地延伸，永远向前看。无数名人逸事告诉我们，生命的价值就在于执着的追求。

2015 年 5 月 31 日，中国又一个"飞人"诞生了！苏炳添以 9 秒 99 的成绩，刷新了张培萌的纪录，成为当今世界跑得最快的亚洲人，比他的上一个纪录足足快 0.17 秒！

"这样的进步和成绩来自日复一日的重复训练和努力，以及即使所有人都不认可我、不看好我，我还是坚持着自己的理想的信念。"这颗耀眼的新星在 2013 年时，还只是躲在张培萌的星光之下的小选手，当时人们都只记住了在莫斯科世锦赛上夺冠的张培萌，没有人注意那个表现并不逊色的苏炳添。

这种被人忽视的孤独感伴随了苏炳添很长一段时间。也许孤独，也许失落，但是苏炳添并没有因此放弃努力，他把时间和精力都放在了赛道上，不停地奔跑，不停地改进方法。那个洒满苏炳添汗水的跑道，见证了他一路的成长，也记住了一个不屈的身影。

孤独带给苏炳添更多的时间思考，他不必暴露在聚光灯下，费心思去回答各种各样的问题。虽然很多时候，只有安静的空气陪伴着他，但是也避免了言语应酬的烦扰。静下来的时候，他会听见心跳有力的声音，苏炳添知道，那是理想的回音。那段时间也许苦涩，但是他从来不会后悔——为了理想，一切都值得！

运动员是一个特别的职业，青春是资本，也是"拦路虎"，他们的黄金年龄只有有限的几年，再加上长期的职业训练，其实留给他们在赛场上的时间并不多。苏炳添为了这个梦想付出了常人难以想象的辛苦，虽然刚开始他并没有成为聚光灯的焦点，但这反而更让他坚定了信念，他始终安静地在自己的世界里与自己对抗。终于在相当长的一段蛰伏期后，国人亲眼见证了他的厚积薄发，迎来了又一个"飞人"的诞生。此后，他并没有因此骄傲自满，停下奋斗的脚步，反而沉下心来，更专注于训练和能力的培养，终于在2018年亚运会田径100米的决赛中，他再次夺冠，并以9秒92的成绩打破亚运会纪录。

他曾经说过："我始终认为亚洲人有机会能跑到9秒85，而我自己还在努力向9秒90进发。"正是因为他有这样的目标和愿景，他才能摒弃所有杂念，心无旁骛，只专注于训练，才有了如今骄人的成绩。

现代青年人的确承担着多重压力：对于祖国和家庭的责任的背负、丰沛的理想与"骨感"的现实之间的冲突、文化多元与价值观多元带来的迷茫，还有学业的压力、职业选择的彷徨、事业初创的艰辛等。但无论多难，我们都不能被外因动摇，我们应该执着于关注自己的内心成长，为自己树立正确的目标之后，就用适合的方式去努力实现，不管外界如何变化，不忘初衷，才能有所建树。

　　梁闪闪在大学毕业时，选择了微信公众号"创意社"进行运营。对于她的第一次创业，周围的人都不理解，明明有一些 10 万粉丝级别的大号工作可以选择，为什么非要选择这个粉丝不到 5 万的小号呢？梁闪闪没有解释，她相信事实会证明一切。

　　没人理解不要紧，梁闪闪就想选择自己喜欢并且擅长的工作。就算是大号又如何？没有兴趣还不是苦熬日子罢了！倔强的小姑娘顶着一片怀疑声开始了工作。所有人都觉得这个初入社会的梁闪闪太天真了，过不了多久就会知道选择一个大的平台才是最重要的。

　　因为只是一个小号，所以没什么资金聘请员工，整个运营就只有梁闪闪一个人在做。从内容选择到编辑，梁闪闪可没少忙活。但是，她并不觉得劳累。没有人比她更热爱、更了解这些和她一样热爱创意和手工的粉丝了。在她的眼里，"创意社"就像是她的孩子一样，每天忙着想尽办法做新的文章和创意活动，哪有时间抱怨呢？

　　在别人眼里孤独的奋斗，在梁闪闪这里却都是最宝贵的经历。跟别人商量的时候很多，但是自己跟自己对话和交流的机会是很难得的。文章的编辑改进和活动调整，都是梁闪闪和自己对话的结果。如今，当初不足 5 万粉丝的小号已经是吸粉 60 万的大号了！很多当初怀疑她的人这下也都服气了。

　　梁闪闪的成功无疑是当今大学生创业的典范。她脚踏实地，不好高骛远，还有一颗不浮不躁的心，实属难能可贵。在这个商业社会中，每天都有成千上万的中小型企业一夜崛起，也有苦心经营多年而一夜覆灭的失败案例。但是我们从她的身上看到了，一个人只要心无旁骛，不为外物所动，不为繁华所诱惑，那么他的梦想总有实现的一天。

不要抱怨"不公平"

公平与否不是注定的，它确实可以通过努力来改变。这个世界上不存在绝对的公平，但存在一种可以改变它的东西——奋斗精神。如果想要得到公平，就请停止抱怨，用你的奋斗精神去改造它！

一位美国心理学家对"公平"二字提出了理论的基本观点，他说："当一个人做出成绩并取得了报酬以后，他不仅关心自己所得报酬的绝对量，还关心自己所得报酬的相对量。"也就是说，人们倾向于通过和他人比较来衡量自己所得的报酬是否合理、是否公平。如果他认为是合理的，就会继续努力地去工作，如果他认为不合理，工作的积极性就会逐渐消退，因为他的心理已经失衡，一心想着付出多少就要索取多少回报，否则就将其视为一种不公平。事实上，这种想法是大错特错的，因为在这个世界上，一直以来就只有相对的公平，却从没有绝对的公平。

我们知道，在职场上，"公平"由老板或上司来掌控，对于员工而言，一个客观理智的老板相对而言是公平的，而趋于感性的老板大部分是不公平的。这体现在很多方面，包括我们的待遇及我们与老板的关系。对于职场上的种种"不公"，无论我们喜欢与否，都只能接受，当然，你完全可以凭借自己的能力去改变这种"不公平"。微软总裁比尔·盖茨就曾经说过："生活是不公平的，你要去适应它。"是的，只有先适应了当下的环境，我们才有机会改变自身的处境。如果你只是空泛地追求公平，却只会愤愤不平，无法面对现实，更不奋斗，那么你只会被现实生活所击垮。

陈庆刚与翟云飞是大学同学，在校期间他们所研修的都是美术专业。学习上，陈庆刚一直勤奋刻苦、精益求精，设计的作品不止一次摘得省级比赛大奖，在学校时便有"才子"之称。翟云飞则完全是另一副样子，他仗着自己家里有钱，整日吊儿郎当，甚至连毕业作品都是花钱请人代笔的。

大学毕业以后，陈庆刚费了好大力气才来到一所中学，成为美术教师，每个月的工资只有一千多元，生活过得有些拮据。让他愤愤不平的是，那个不务正业的翟云飞凭借家里的关系，竟然轻而易举地进入当地一家知名报社做了美编，每个月的薪水有四千多元！

现实带给二人的巨大反差令陈庆刚心中窝火，他的性格变得越来越偏激，每次只要在报刊上看到"翟云飞"三个字，就会喋喋不休地数落世界的不公。渐渐地，陈庆刚心中斗志全无，他不愿意再努力，他觉得再怎么努力也是白费！——他既是这么想的，也是这么做的，他开始消极怠工。

翟云飞则截然相反，他的才华原本远不及陈庆刚，但在进入报社以后，他经常能够接触一些上层作品，骤然发现自己的很多不足，于是上进起来，他的专业水平突飞猛进。

三年之后，陈庆刚的工作态度彻底惹怒了校领导，他丢失了维持生计的饭碗；翟云飞却因为业务扎实，思维新颖，被逐步提升为报社的美编主任。这时的陈庆刚无法再小看翟云飞了，因为就其作品而言，翟云飞的美术功力显然已经超过了他。

人们常说"骄傲使人落后"，看来，怨天尤人、不作为一样会使人倒退。然而遗憾的是，生活中很多人都犯了陈庆刚那样的错误，他们厌恶、憎恨、抱怨甚至咒骂生活中的不公，以至于否定自己，否定努力上进的意义，终于使自己堕落沉沦。或许在他们眼中，老天给予自己的就只有痛苦，而给予别人的都是幸运。不可否认，生活确实有着它偏心的一面，但是一个人同样能够通过自己的努力做出改变。

曾经有人说过："承认生活并不公平这一事实的一个好处，便是它能激励我们去尽己所能，而不再自我感伤。"的确如此，只要你敢于接受现实，斗志昂扬地挑战生活，你就会收获不一样的结果。

正所谓"种瓜得瓜，种豆得豆"，你怎样去看待生活，它就会怎样回报给你，你一直埋怨生活，它就会让你的生活中出现更多用来埋怨的理由。

毋庸置疑，每个人都有自己的梦想，都希望能够得到生活的公平对待。可是，当你质问生活的不公时，可曾反思自己——我究竟为公平做出过什么努力？如果只是在嘴巴上埋怨生活的不公，却始终不肯为改变现状而付出努力，那只能说，你只是在将生活中的不公当成自己得过且过的借口。

云来雨来，其心如镜

一个人的成功并非单单取决于他多么受上天眷顾，也不仅仅是因为他有多么超群的能力，更多是因为他善于控制自己的心境。世界如何变都无所谓，最重要的是调整自己的心境，任外面狂风暴雨，始终保持自己的心如镜子般无波无痕。

煤矿塌方，6名矿工被困。一时间，恐惧席卷了这6名矿工的神经。6个人挤在狭小的黑暗的空间里，稀薄的空气已经让他们的呼吸变得沉重。离他们不远的地方有个浅浅的水坑，不时会渗出水来，虽然肮脏，却是生的希望。

在6个人中，有名老矿工，其余5位都刚来不久，有一个甚至是第一天下井。两天过去了，他们仍然没有等来救援。无边的漫长等待让他们越来越绝望，开始一个一个地叹气，似乎在等待着死亡的降临。

此时，老矿工咳嗽一声，开口说道："你们有没有听说过10多年前的那次塌方？"他们之中有几人听过，当时死了好多人，轰动一时。

老矿工说："你们知道吗，我就是那次塌方的幸存者之一。当时我熬了8天，没有水，没有吃的……可我熬了过来，你们知道我是如何熬过来的吗？"

那5位矿工很惊讶，纷纷问老矿工原因。老矿工却一直没有回答。他们展开了讨论，有的说是挖蚯蚓吃，有的说找水喝……老矿工还是保持沉默。讨论一直没有停止，从讨论到讲故事，时间不知不觉过去了。除了睡觉，他们都在轮流讲故事，他们忘记了绝望。他们想：有人可以在没有食物、没有水的情况下熬过8天，而且榜样就在我们身边，我们为何还要绝望呢？

最后，他们终于在第五天被救了上来。虽然身体看上去很虚弱，但他们的脸上很平静，不像刚刚经历了生死劫难的人。

几天之后，几位年轻的矿工去感谢那位老矿工。在他们看来，如果没有老矿工的经验，他们或许已经被深埋井底了。而且他们还想知道老矿工是如何一个人在井下度过8天的。老矿工说："其实我并没有经历那次矿难，你们该感谢的是自己，那些故事都是你们讲的，信心也是自己给的……"

原来，自己被困8天是老矿工虚构出来的，却救了5个年轻人的命。原因其实很简单，曾有人经历过比他们更大的灾难，可是有人挺了过来，而那个人就在他们身边，这样便无形中给他们增强了信心。

很多时候，并不是环境改变了，而是心境变了。或许你真的很惨，但一定不要把你的思维定在"山穷水尽"中，一个人一旦绝望，就真的走上了绝路，只有对未来抱有希望，并改变心境，就可能改变环境，进而改变你糟糕的处境。

名利荣誉，容易使人动心，动心则容易使人全力追求它们，全力追求，则容易变得急功近利，汲汲营营，那么就容易迷失自己，看不清方向，也找不到来路。所以，无论何时，保持一颗平常心是最为可贵的。

美国南北战争中，北方军统帅格兰特将军率部经过一番苦战，终于击溃了罗伯特·李将军所统率的南方军队。双方签订停战协议。胜利的一方如换作别人，则一定趾高气扬，睥睨一切，但格兰特丝毫没有流露出骄矜之色，仍保持谦逊的态度。在签订协议时，罗伯特·李将军穿着整齐的全新军服，腰佩弗吉尼亚州所赐予他的宝剑，气宇轩昂。反观格兰特将军却穿着转战各处时所穿的军服，早已肮脏不堪，若不是他佩戴着陆军中将的官阶牌，几乎与一般士兵无差别。两人站在一处，格兰特将军未免相形见绌，但他毫不介意。

大凡获得真正胜利、内心高贵的人，他的功业已昭然在人耳目中，无须自我表扬，所以态度反而谦逊恭敬。相反，有些人所得胜利实无足称，但唯恐别人等闲视之，故不得不刻意炫耀。所以妄自尊大的人，就算胜利，也定属浅薄可鄙之辈，而且最后也绝不可能真正成功。

罗伯特·李将军在失败时戎装佩剑，整齐庄重，倒不是他态度骄矜，反而是他胸襟豁达、勇于接受失败的表现。就因为他所处的地位崇高，所以在失败之际对于仪表更应注重。这表示他虽然暂时失败了，但不觉羞耻，因为他拼尽全力，问心无愧。

成亦平常，败亦平常，其中的道理有多少人能明了？又有多少人能亲身体验呢？无论成败，不骄不躁，不卑不亢，坦然接受，以平和心待之，这就是区分人生境界高下的所在。

普希金说："假如生活欺骗了你，不要忧郁，不要愤慨；不顺心时暂且忍耐。相信吧，快乐的日子将会到来。"的确，我们无法改变天气，无法改变环境，也无法左右他人的思想，但是，我们可以改变自己的心境。

对于梦想，不要轻易满足

年华一瞬，容颜易逝，不要将有限的时间只用来享受生活。人生弹指一挥间，不满足于现状，就努力拼搏，勇敢地追求，即便梦想很遥远。曾经努力过，便不会在往后的岁月里因为错失而长吁短叹。无论你处于什么样的年纪，有梦想就去追逐吧，实现梦想之后，别忘了继续前行，不要满足于既得的成功，重新出发，向更高点迈进。

在一个充满浓郁苏格兰气息的小镇里有一个小男孩，他的父亲是个家庭亚麻纺织工，他的母亲则以制鞋为业。家里的经济条件不是很好，但父母都是乐观的人，并没有因为生活贫困而忧虑。在他刚学走路的时候，家里有了一些积蓄，便添置了几台纺织机，并请了几名工人，生活状况有了好转，全家搬进了好一点的带阁楼的平房。

但是好景不长，几年之后的工业革命给他们一家带来了沉重的打击。小手工作坊难以和蒸汽机抗衡，到处都充斥着物美价廉的纺织品，无数的手工作坊纷纷倒闭。一家人在变卖了所有的纺织机器之后又搬回原来的房子，全家靠着母亲的一点微薄收入勉强度日。本来日子已经很艰难了，但是打击还是接踵而来：欧洲爆发了大饥荒，粮食成了主要问题。即便父母每天都辛苦地劳动，仍然不能解决吃饭的问题。那时候贫苦的情景在他幼小的心灵里留下了深深的烙印。

在生活的巨大压力下，他们一家人离开了生活多年的故乡，乘着一艘开往美国匹兹堡的客轮开始了背井离乡的旅程。全家来到了异国的土地上，为了糊口，父亲只得做起了老本行，手工织了一些桌布和餐巾去沿街叫卖。母亲则继续靠缝制鞋子赚一点钱补贴家用。但两个人赚的钱还是不够全家人的开销。年仅13岁的男孩便出去打工赚钱了。

男孩在一家纺织厂做起了童工，为了多挣一些钱，他又去烧锅炉，并在油池里浸纱管。油池里难闻的气味常常让他忍不住呕吐。长时间艰苦的生活磨炼了他坚忍的意志，也给了他为改变生活现状而努力的勇气。那时候的他就已经明白，要想拥有美好的生活，就必须在残酷的竞争中胜出。

他的第一份正式工作是送报纸的信差。那天他听到一家电报公司招聘信差的消息，便穿上干净的衣服和皮鞋去参加面试。当他站在老板面前的时候，他自信的表现赢得了老板的信任，他终于得到了这个每周 2.5 美元的工作。

虽然是刚刚迁入的新移民，但是他在很短的时间内就熟悉了送信范围内的每一条街道，包括每一个商人住处的地址。两个星期之后，他连郊区的路线也了如指掌了。他工作很勤快，送信的速度比其他人要快。在送报的间歇，他就在电报房里学习发电报，渐渐地，他就将发电报的技术掌握得很熟练了。

那个时代的匹兹堡，电报是一种非常先进的通信工具，在那座商家云集的城市里起着十分重要的作用。每天的送报工作使他逐渐熟悉了各公司间的经济关系和业务往来，也让他了解了每家公司的特点。通过这份工作，他好似读了一本商业百科全书，无形中学到了很多知识。

在他 18 岁的时候，他凭着自己高超的电报技术，进入宾夕法尼亚州铁路公司做了局长的私人电报员兼秘书。有一次，他收到一封紧急电报。由于一列火车车头出轨，要求调度各班列车改换轨道，以免发生碰撞。情况紧急，但是当时正赶上假日，他怎么也联系不到唯一有权下达命令的局长。情急之下，他便以局长的名义下了一道命令，适时地调度轨道，终于避免了一场惨剧的发生。

这件事后，他不但没有受到处罚，反而更加受到局长的赏识。几年后，他便被提拔为运营总管。在铁路公司工作的十余年，他不但学会并熟练掌握了铁路管理的一整套知识技能，而且已经拥有了数十万美元的股票和其他财产。但是这些并没有让他满足，他还有更远大的目标。

美国内战结束后，他便从铁路公司辞职，专心做起自己的事业。那时候，美国政府正要建设横跨北美大陆的铁路线，具有敏锐眼光的他意识到机遇来了。修建铁路、建造船只及机械制造都离不开钢铁，他预料到钢铁产业在不远的将来定会发展成为支柱产业，决定投身到钢铁产业中去，建立一个囊括整个生产过程的现代钢铁公司。于是他筹集到100万美元，一步步建立起他的钢铁帝国。这个人就是钢铁大王安德鲁·卡耐基。

我们周围有许许多多默默奉献的人们，他们坚信着自己的执着，不畏惧，不怕输，不满足，一步步向着自己梦想的远方前行，终于到达梦想的高峰。所以无论梦想是否伟大，或多么不可思议，我们都要向梦想致敬。因为梦想让我们不再是原来的自己，让我们发现更好的自己，成就更好的自己；因为梦想让我们出发，也让我们抵达；也因为梦想，我们的人生变得妙趣横生。

可悲的不是怀才不遇，而是眼高手低

我们常常可以见到这样一类人，他们聪明伶俐、性格随和、多才多艺、人缘很好，但做事不专一，三天打鱼两天晒网，而且事事不精，总是承诺得很好，做起事来却让人很不放心。还有一类人，他们性格尖锐、眼光挑剔，说起话来一针见血，很令人佩服，但是做起事情来缺乏能力，容易半途而废，与预期效果相差甚远。这两类人失败的原因都是眼高手低。

眼高手低这事究竟有多严重呢？

我曾经有一位朋友，从小热爱画画，一心想做漫画家。大学时，因为毕业设计而画了几张作品，自认为不错，就拿着它们到处投稿，谁知道只有一家小杂志社联系她，说如果不支付稿费的话可以考虑发表，并且要独家授权，这就意味着在这个杂志社发表了就不能再拿到别的地方发表。她十分愤怒，认为自己怀才不遇，将那几幅画制作成各种作品，依然到处投稿，却仍旧到处碰壁。她变得敏感易怒，对整个社会乃至时代都充满了怨气。5年后，执着的她将那几张画做成各种各样的明信片、挂饰、徽章等拿到地摊上去卖，可压根儿没有人买，城管一来她就得抱着一堆东西拼命跑。这5年里，别的有志于美术创作的同学早在这个行业闯出了一片天地，她依然执拗地为她的毕业作品找出路，绘画和设计却依然停留在原来的水平，且脾气、心态都变得很不正常……

她太渴望被赏识，可没有机会的时候，不是默默努力积累能量，而是忙着把精力放在没有意义的事情上，消耗自己，因眼高手低而将自己推到尴尬的人生绝境。别人劝她清醒，她也油盐不进，说来真是可悲。

其实，谁没有自己的梦想呢？尤其是年轻人，几乎都渴望获得风风光光的成功。然而，现实世界中，眼高手低、志大才疏往往是阻碍年轻人成功的最大障碍。在许多年轻人的眼里，只看到成功人士功成名就后的辉煌，一心想获得同样的待遇与荣誉，却不知那些光鲜亮丽的人，也是付出过辛苦的努力，经历过很多磨难的，毕竟台上一分钟，台下十年功，那些人背后的艰苦努力远远超过人们的想象。"不经一番寒彻骨，怎得梅花扑鼻香？"古人很早就在诗词中告诉我们这样的道理了呀！

世间哪来那么多一蹴而就的成功？任何人都只有通过不断的努力才能凝聚起改变自身命运的爆发力。"小事不愿干，大事干不了"，这是许许多多年轻人最容易犯的毛病。如果不注意纠正，很可能因小毁大，终生无所作为。

或许有人说，有那么严重吗？行大事者不拘小节，等到时机成熟了就会有一番作为，多少伟人都是如此，怎见得区区几件小事就能决定一个人的命运？

不知你有没有想过，细节决定成败。不管是好的细节还是坏的细节，都是你投射在别人眼里的印象。有时候，对于小事你不愿意去做，但是经验丰富的人都是从小事里洞见天地的。况且千万不要这样误会伟人，难道你真的只见识到了他们的伟大，却没想到他们背后几倍于常人的努力吗？就是因为他们平时的学识、技术和能力上的积累，所以才有所谓的时机成熟，才有时机成熟时他们的脱颖而出和爆发。

古代有个人叫宋濂，他小时候特别爱读书，可惜家里实在太穷了，没钱买书，只好向别人借。他嗜书如命，非常害怕别人稍有不满就不再借书给他，所以每次去借书都主动讲好期限，并按时归还。加之宋濂又非常爱惜书，人们都乐意把书借给他。

有一次，宋濂借到一本书，爱不释手，就决定将整本书抄下来，可是还书的期限马上到了，怎么办呢？他想了想，干脆连夜抄书。那时正是滴水成冰的大冬天，人缩在被子里都冷得发抖。他母亲很心疼，就对他说："孩子啊，都半夜了，天气太冷了，天亮了再抄吧。人家又不是等着看这书，你迟点还回去，跟人家说明原因就没有事了。"宋濂说："娘啊，不行，做人要讲信用，不管人家等不等看这本书，我说了这个期限还就一定要还，这是尊重别人。一个人如果做事不讲信用，失信于人，以后别人怎么相信我？谁会尊重我？怎么放心让我去做更大的事情？"宋濂的母亲眼含泪水地点点头，为自己的儿子有这样的品质而感到骄傲。

还有一次，宋濂要去远方向一位著名学者请教，两个人约好了见面的时间，没想到出发那天天气突变，下起了鹅毛大雪。宋濂二话不说，挑起行李就准备出去，他母亲大吃一惊，拉着他说："孩子啊，这样的天气怎能出远门呢？再说，老师那里早已经大雪封山了。你就这一件旧棉袄，如何抵住深山的严寒啊？！你就听娘一次劝，等雪停了再走。"宋濂坚定地说："娘，本来就说定了时间，现在再不出发就会误了拜师的日子，就会失约了。我一个学生，如何能对老师失约呢，这是对老师的不尊重啊！风雪再大，我都得上路。做学生的，品质更重要。守时这件事情看上去小，其实也是一件大事。娘，您为了儿子的前程，就让儿子出门吧！"宋母无奈，只好放手，目送儿子踏雪远去……当宋濂赶到老师家里时，老师感动地称赞他说："这样的天气你都赶来了！年纪轻轻，如此守信好学，将来必会有大出息！"

勤奋好学、注重细节，重视善小的宋濂后来成为元末明初的著名学者，官至翰林，修《元史》，被明太祖朱元璋誉为"开国文臣之首"，与高启、刘基并称为"明初诗文三大家"，后来的学者称其为"太史公"。

正是因为宋濂守信用、口碑好，愿意借书给他的人多，他才从中学到了知识，解决了家贫无书读这个问题。拜师学艺时，他严格守时，在天寒地冻的时候赶到老师面前，老师倍受感动，也看到了这个学生的品质与决心，于是更有心重点栽培。通过宋濂的故事，我们可以看到，一个人于细节处做得好，人们就愿意欣赏他、相信他，他才能得到更多机会，才能获得更大成功。他起初所做的都是生活里十分细微的事情，许多人常常认为这些小事不重要，懒得在上面花费心思。然而，君不知，一屋不扫何以扫天下？最考验人的就是做小事时的态度。

另外，宋濂也是个很有定力的人，读书便一心一意地下苦功，所以他读书有效率有质量，才使自己文采出众。

一步一个脚印，细致谦逊、踏实努力的一个人，即使不能如宋濂那般获得卓越成就，起码也能活得坦荡轻松。因为这样的人让人信任和尊敬。反之，三心二意、眼高手低，不能将精力放于实处的人，到头来肯定会两手空空。

人生好比一棵树，树有许许多多的枝丫，最开始的时候，树身各个地方均衡生长。到后来它越长越大，随着成长，必须分出主干，且要把主干之外的枝丫剪掉，不然这树没有主干，就会长得十分奇怪，大了也没有什么价值，只能被人们砍了当柴火烧掉。做人也是这样的，要找出自己心目中的主干，做好最重要的事情，脚踏实地，凭一技之长在某方面做专做精，切忌眼高手低。如果满脑子都是不切实际的想法，只会导致乏累而无所获。

诱惑再多，也要平和面对生活中的一切

"逍遥而游，得失随缘"是我国道家学派提倡的一种思想。金钱、权力、名誉都不过是生不带来、死不带去的身外之物，因为这些而心绪不宁，非智者所为。即面对诱惑，要以平和之心待之，这样才不会迷失心智，丧失自我。

有人这样理解诱惑：诱惑是一种奇怪的东西，人们会为之迷失方向，变得疯狂不已；它存在于这个世界，而它的存在，是由于人们禁不住引诱，不断被欲念刺激，所以人一生都会被诱惑折磨。人生在世，总是无法回避物质诱惑和精神诱惑，有人追求虚名，有人追求实权，更有人追求金钱、色相。要想抵制住诱惑，就需要修炼一颗平和的心。只有这样，我们才能对闪光的诱惑保持足够的警惕。

有一位顾客走进一家汽车维修店，自称是某运输公司的汽车司机。他要求店主在他的账单上多写点零件，回公司报销后，两个人好分成，但店主拒绝了这样的要求。

顾客又不死心地介绍自己，说他生意做得很大，两个人一起加入能赚来许多钱。可店主无论如何也不答应。顾客说："我这是给你机会，是谁都愿意有钱就赚的，你这个人怎么就说不通，这么傻呢？！"

店主非常生气，命令顾客赶紧离开自己的店面。

谁知这时，这位顾客竟然换了笑脸，紧紧握住店主的手，告诉他："我就是这家运输公司的老板，现在要找一家信得过的维修店真的不容易啊！您面对诱惑如此有定力，实在是让我相当满意，请理解刚刚我对您的测试，并请原谅我刚刚对您的无礼，我们一起来合作一单大生意吧。"店主这才恍然大悟。

如果每个行业里的人都能像这位店主一样面对诱惑不动心，固守道德底线，有自己的原则，绝不赚昧心钱，那么我们的社会将是多么美好。因为每个人都能活得自在，梦想的路上也会走得更稳。

万科董事长王石在事业上功成名就，是行业里的龙头老大。他出自军人家庭，成功之前，当过兵，做过工人、技术员、翻译等。王石语出惊人，性格直率，做事不拐弯抹角。他身上有两个显著的特征，一个是"万科不行贿"，另一个是"企业家中的登山家"。王石曾对这两个标签做出解释，他说万科有不允许行贿的规定，至今还没有一个证明万科行贿的案例；而他又是登顶珠峰的年纪最大的中国人，作为极限运动的爱好者，他曾登顶全球七大洲的最高峰，也到过南极和北极。

事业取得傲人成就的王石曾经这样阐述："诱惑就如同那美丽、芬芳的罂粟，你明知道那是毒药，却依然想享有，最后堕入陷阱，难以自拔。对一个人价值的衡量，不仅仅在于他的能力，更在于他能抵制诱惑的平和之心。"

心绪平和的人，不会被外物所扰，他们分得清是非，懂得什么才是生命中最珍贵的东西。千斗黄金换不来诚心一笑，权倾天下的势力远不如拥有健康的身体来得重要，快乐和幸福才是人生的价值所在。虽然快乐与否是人的主观感受，但是一颗平和的心要比一颗计较利益得失的心更容易感受到幸福。人生在世，不如意之事比比皆是，不妨让自己练就平和的心态，得失随缘，乐观向上，唯有如此，人才不会疲惫。

把你的内心世界调整好，
你的外在世界就会平和

生活里每天都有很多让我们痛苦的事情发生，有些人便偏执地认为，人生只有苦，没有甜。其实，这是我们的双眼被蒙蔽了。

因为生活里虽然有痛苦，但是不可否认也有幸福啊，平安、健康、感情顺遂、事业成功、梦想实现，甚至一朵花的开放、一滴雨的降落……

生活中不光只有苦瓜，还有很多蜜枣，如果你热爱生活的话，你或许还能把苦瓜变成甜瓜。当暮色渐渐来临，一天忙碌的工作即将结束时，留在你脑海中的是什么呢？你的工作任务都完成了，还是有件任务出现了错误，你还在为这错误而懊恼吗？为什么采摘一朵玫瑰花，你只记得玫瑰的刺扎手的疼痛，却忘了手上的余香？……主要原因是我们的内心计较太多，又用世俗的标准去固化和定义我们的生活，所以痛苦被无限地放大了，那些美好和幸福的瞬间却被忽视了。

一名报社主编给记者下达了去采访深山百岁老人的任务。记者跋山涉水，历经千辛万苦，才找到百岁老人居住的小屋。屋前一条小溪淙淙流过，小溪旁有一块青石板，老人正百无聊赖地斜倚在上面，悠闲舒适地晒着太阳。

记者问道："大爷，您一个人在这里生活了几十年，难道不会觉得孤独寂寞吗？"

老人面带微笑，看了看这个年轻人说："我从来不会感到寂寞，也不知道什么是寂寞，大概是因为每天都要做很多事情吧。"

记者疑惑地问："为什么您这么大年纪，还要做那么多事呢？您和我们这个年龄的人不同，很多事情您不方便做，您可一定留神，千万别伤着啊。"

"我虽然岁数比较大，但是我依然还能做很多事情，早晨起来，我带着阿黄（一只忠厚的狗）看看我种的果树、菜园，以及那些活蹦乱跳的鸡鸭鹅兔，满眼都是生长的快乐。等太阳出来，晨露消散，我就沿着小溪一直往上游走，那里有一片浓密葱郁的白桦林，它们的斑痕像眼睛一样深邃，你能从中读出很多人生的奥秘，如果你愿意的话。还有，你只需俯下身来，就能听到每一棵小花、小草都在悄悄地说着话呢！……"老人边说边把食指放到嘴巴前，示意他别出声，然后向蔚蓝的天空望去。

记者跟着老人望向天空，一团团白云随风变幻着、飘动着，如絮如棉。他情不自禁地赞叹了一句："真美啊！"

"看到了吧，在这里不用花一分钱就能享受到世界最美的风景。"老人不无自豪地说。

"是很美，可是待久了，也会厌倦，难道您就没有厌倦过吗？"

老人依然笑着说："外面千变万化，这里也是一样的，我在这里每天都能碰到新鲜的事物，天天都能找到令我高兴的事情，怎么会觉得厌倦呢？你看我养的花多美丽，那些果树长得多精神。哦，你看，那些蚂蚁，多勤快啊！"

"难道您就不想去山外转转吗？我知道您有个非常优秀的儿子，在北京开了一家很大的公司。"

"我也出去过，但我感觉哪里的风景都没有这里的好，这里的好是天然的。你看，这里的每一棵树都有一棵树的梦想，每一朵花都有一朵花的心事，每一条河都有一条河的故事，它们都是我最好的朋友，我可以每天跟它们说说心里话。只要你愿意，用心去观察，

223

就会发现身边有很多美好。"

听到老人的一番话，记者终于明白了他为什么能长寿，不是因为他的生活里没有痛苦，而是因为他总能发现生活里美好的东西，即使心情不佳，也会马上就被美好的心情所替代，他的世界似乎一直都是那么纯粹。

置身于喧嚣的都市，每个人都有很多烦恼和令自己痛苦的事，但是如果你用心去观察，你会吃惊地发现，原来生活里还有这么多令你感到幸福的事情。譬如，从拥挤的公交车上，看到了一种叫热情的东西；从酷暑的加班中，真切地感到了"我很重要"；从孤独的夜晚里，触摸到了"时间轻轻的脚步"……

生活就是如此的美好，你去寻找美，发现美，就会创造出一个美丽的世界。很多人之所以感觉到痛苦和糟糕透顶，其实并不是因为他们经历了什么大事，而是他们积累了太多的负面情绪，将很多不如意的小事都放大了。负面情绪越积越多，人们会觉得生活越来越苦，于是，情绪越来越暴躁、易怒和忧郁，对别人越来越没有耐心，不肯轻易付出。这个时候，人们需要调节自己的心态，最好的办法就是让自己接受生活中有很多美好的事物存在的事实，多多关注那些小美好、小惊喜、小感动。

当然，我们最该做的是养成一个发现美的好习惯，把生活中的"苦瓜"全部换成"蜜枣"。这个世界上，有很多东西微不足道，但却是真实存在的。我们不用透过玫瑰色的眼镜来美化这个世界，只需认识到这些真实的存在就好。

同时不要对自己太苛刻，认为拥有快乐是自私甚至可耻的，不要认为不严格要求就是堕落，因为无论谁，都需要适当放空自己的身心，休养生息，那么就让自己活得轻松踏实一些吧。

水到绝处是风景，人到绝处是重生

正所谓："山重水复疑无路，柳暗花明又一村。"当你陷入绝境的时候，也许就是转机到来的时候，"置之死地而后生"就是这个道理。

在爱尔兰，有一位名叫布朗的著名作家。据说他从小就全身瘫痪，到5岁的时候还不能像正常孩童一样走路与说话，准确来说，当时的小布朗除了左脚能够活动之外，其他身体部位都无法正常活动。

布朗5岁时，看见妹妹用粉笔写字的那一刻，突然也有了学习写字的欲望。于是他利用自己唯一能够活动的左脚艰难地夹住粉笔，在地上勾勾画画，而且非常勤奋刻苦。让人没想到的是，一年后，他已经学会写26个英文字母了。母亲得知这一情况后，开始用心地教导他读书习字。后来，他用顽强的毅力终于学会了用左脚打字与画画，甚至学会了写文章与作诗。据闻当他打字的时候，需要将打字机平放在地上，然后就用较为灵活的左脚慢慢打字、上纸、下纸及整理稿纸。当然，他努力的过程远远比普通人来得艰辛。

布朗21岁的时候，已经出版了自己的首部自传体小说《我的左脚》；16年之后，布朗的小说《生不逢时》出版发行，一经上市，很快就畅销全球，据媒体报道称，至少有15个国家翻译并出版了他的小说，并将之改编成电影上映。布朗一生活了48岁，他以令人震惊的毅力连续创作了5部长篇小说与3部诗集。

布朗身残志坚，笔耕不辍，他的坚韧不拔令全世界感动，他在不幸中找到自我，仅用一只脚书写出辉煌的人生篇章。当他被诊断全身瘫痪的那一刻，一定所有人都以为他的人生除了人的基本需求之外，几乎再无别的可能，只能每天重复单调绝望的日子。出乎大家意料的是，他在人生的无望中，自己挖掘了命运的裂缝，并开疆辟土，谱写了生命的赞歌。

英国哲学家埃德蒙·伯克说："逆境是一位严厉的导师，它指派一个比我们更了解自己的人来管理我们，就像他也更爱我们一样。他与我们进行角力，来加强我们的勇气，增强我们的灵活性。我们的对手也是我们的帮手。在这种矛盾的抵触中，我们对目标有了更深的了解，并促使我们从各个方面去考虑它能够使我们不会变得很肤浅。"

面对残疾，有的人认命，从此得过且过，有的人被打垮，自暴自弃，使自己的生活陷入万劫不复的深渊；而有的人自强不息，积极深入了解自己的长处和短处，兑服重重障碍，扬长避短，勤奋努力，为自己创造辉煌的人生。

有一部书上说，上帝要成就一个人，不会把他送到恩遇这所学校，而会送他去逆境这所学校。逆境是凿子和锤子，将坚强的生命雕琢得异常美丽。山边粗糙的岩脊抱怨打钻和爆破破坏了它世世代代以来的平静，它不满意于被分裂成粉末，被凿石匠捶打雕琢。但是再看看那些雄伟壮观的雕塑和纪念碑，在公园、广场屹立数百年，讲述着那些英勇者的辉煌历史。倘若这些雕像没有经过爆破、凿割、磨光及雕刻的过程，也许它们只是一堆不为人注意的石头；倘若没有经过无数次的砂纸打磨，它们就只能永远被埋藏在深山中。

愚笨的人与弱者总是不愿意遭遇逆境或者对逆境避之唯恐不及，然而，智慧的人与勤奋的人却把逆境当作激发自己潜能的有力工具。逆境，谦逊之人因其施展自己的才能，坚强之人因其而越挫越勇。要知道，这个世界上最好的工具与最强的韧度全部来源于火炼，锋利的刃口也是来自不计其数的一次次打磨；最高贵的人格，也是经过同样的方式练就，而逆境就是磨炼我们的最佳工具。

有一个名叫邱恩宫果的小村庄位于智利的北部，它西临太平洋，北倚阿塔卡玛沙漠。邱恩宫果特殊的地理环境，导致太平洋冷湿气流和沙漠上的高温气流始终交融，因而当地每天都雾气蒸腾。然而，这片干枯的土地没有因为浓雾而变得润泽，原因是白天过于强烈的太阳光能将浓雾蒸发。

长期以来，邱恩宫果望不见半点绿色，人们能够感受到的，除了绝望，就是一片死寂。若干年之后，一位来自加拿大的名叫罗伯特的生物学家在考察全球气候的过程中，意外地踏入了这片干涸的土地。

罗伯特刚刚来到邱恩宫果时感到十分新奇，于是，他决定在当地居住一段时间。没过几天，罗伯特就发现一种极为诡异的现象：这里只能看到蜘蛛这种生物。他甚至看到这里到处都是蜘蛛网，并且数不尽的蜘蛛来来往往，生活得很热闹。这些现象引起了罗伯特的强烈好奇心，他迫切希望弄明白为何只有蜘蛛能够在如此缺水的地方存活。后来，罗伯特借助随身携带的电子显微镜，发现当地的蜘蛛具有非常强的亲水性，他们依靠雾气中的水分存活。换句话说，这源源不断的雾气就是蜘蛛的"粮食"。

又过了一段时间，罗伯特在智利政府的协助下，根据蜘蛛吸收雾气的原理，经过努力钻研，研发出人造纤维网，把当地雾气最浓郁的地段用人造纤维网进行布置，就这样，无孔不入的雾气被人造纤维网反复拦截，终于形成大量水滴，这些水滴顺着纹路流到网下的流槽内，之后又经过层层过滤与净化，形成了可供许多生物生存的新水源。

时至今日，生物学家罗伯特研制的人造蜘蛛网平均每天都能够拦截高达一万升水，倘若出现了浓雾天气，每天甚至能拦截十几万升水，这些水在满足当地居民生活需求的同时，还能用来灌溉土地，使这片之前满目荒凉的土地开出了美丽的花儿，长出了青翠欲滴的新鲜蔬菜。

有人说："自然赋予我们的困难越多，我们收获的智慧就越多。"逆境能唤醒伟大的品质，让实现伟大成为可能。在追求人生的新高度时，谁都不会一帆风顺，谁都会遇到各种逆境，甚至绝境。此时，如何正确看待这些令人纠结和烦恼的境遇，将决定一个人未来的高度。

绝望的不是问题本身，而是人的思维，与苦难并存的往往也有希望。我们要想活得更好，就必须善于在困境中挖掘希望的种子。这个世界上根本没有真正的绝境，再荒凉的土地，也能变成生机勃勃的绿洲。

古往今来，但凡那些取得非凡成就的人士，莫不是经历逆境甚至浴火重生，才百炼成钢的。而那些在逆境中自暴自弃的人，永远也不可能获得成功。所以，我们在遇到困境时，一定不要让心灵干涸，熄灭心中的梦想。要知道，人在失意的时候，体内沉睡的潜能最容易被激发出来。只要你换个角度看世界，将绝望看作下一次希望的开始，也许就能发现机会就在你失意的拐角处等着你！

如果不得不穿行于荆棘中，
那我们就披荆斩棘

在大多数人的生命历程中，总是会充满坎坷与磨难，很难拥有一帆风顺的人生。我们要做到的是，如果前面是大海，那我们就想办法假舟楫渡海；如果前面是悬崖，那我们就想办法乘飞机穿行；

如果前面是荆棘，那我们就挥起镰刀，披荆斩棘。总之，我们要将所有挫折变为动力，一直勇往向前。当经过努力奋斗，最终攀上高峰，迎接鲜花和掌声时，你会发现，走过的曲折，都变成了一道道绚丽的彩虹。

当我们置身于困境中时，破局的关键不在于问题本身，而在于我们有没有面对困难的勇气。许多时候，不怕事情难办，就怕你不去想，不去打开自己的心结。如果把问题比作锁，那么，每把锁都对应一把可以打开它的钥匙，而这把钥匙就藏在我们身上。

60 多年前，一个中年男人经营着一家小杂货店，但生意非常差，以至于他无法支付儿子的大学学费。他的儿子叫弗兰克·卡纳利，年轻而富有激情，对生活充满了希望。有一次，他劝父母说，经营了这么多年杂货店却没有赚到钱，是不是该换一个思路了。

那时，离他家不远有几所学校，主要是一些高中、大学，所以学生们经常过来吃快餐。卡纳利想，附近没有一家比萨饼屋，如果卖比萨呢？生意一定会不错吧！于是，他在自家杂货店的对面开了一家比萨饼屋，并做了精心的装修。开店不到一年，卡纳利的比萨饼就成为附近学生的最爱，店里的生意异常火爆。后来，他在当地又开了两家分店，生意也特别好。

初次创业获得成功后，他的胃口也变大了，于是又接连在俄克拉荷马开了两家分店。但不久，坏消息传来，俄克拉荷马的两家分店出现了严重的亏损。起初，卡纳利为每家店准备 500 份比萨，结果会有一半卖不出去。后来他又按 200 份准备，还是会剩下不少。

最后他只好准备 50 份，但也卖不完。即使全部售完，也不足以支付每天的房租。

两家分店的生意惨淡，给信心满满的卡纳利带来了不小的亏损，他只好用当地三家比萨店的盈余来填补俄克拉荷马两家比萨店的亏空。所以，他白白辛苦了一年。之后，他开始认真思考：同样是卖比萨饼，为什么两个城市会出现如此大的反差？很快，他就发现了问题，两个城市的学生在饮食和趣味上存在着较大差异。另外，在店面装潢和食材配方上面他也犯了错误。找到问题的根源后，他迅速做出改变，生意逐渐有了起色，后来俄克拉荷马分店的营业额居然超过了本市的其他三家店。

接下来，卡纳利又在纽约开了两家比萨店。与最初在俄克拉荷马开店一样，两家比萨店每天都在亏钱，虽然他想尽了各种方法，但就是打不开市场。这又让他损失惨重。经过一番市场调研，他发现问题出在比萨饼的硬度上。为此，他研究了一种新配方来改变硬度。结果，新比萨非常受纽约人的欢迎。

就这样，卡纳利不断在错误与逆境中前进，生意越做越大。19 年后，卡纳利的比萨饼店遍布美国，共计 3000 余家，总值 3 亿多美元。他的连锁店叫必胜客（Pizza Hut）。

卡纳利说："我每到一个城市开一家新店，十之八九会失败，最后能成功，是因为失败后我从没有想过退缩，而是积极思考失败的原因，努力想新的办法。如果你不能确定什么时候成功，就一定要先学会失败。"

每个成功者都会经历一定的失败、挫折，在逆境中，他们有两种路可以走：一条是一蹶不振，丧失信心；另一条是吸取教训，重新振作。前者是一条失败之路，后者是一条逆袭之路。

所以说，置身于逆境时，如果一味地回避，只会让自己更加被动。相反，勇敢地面对现实，多想想困难发生的原因是什么，找出背后的原因，并加以解决，危机往往会变为转机。

逆境往往是客观存在的，是不以人的意志为转移的，可是世界上没有过不去的坎与走不完的曲折，很多人都想避开曲折去寻找通向成功最近的那条路，现实却是，有时候绕远的那条路才是捷径，而心智坚定勇敢的人即使知道那条路会充满阻碍与挫折，他们却仍然无畏地前进。

俗话说："人生不如意事十之八九。"这才是人生的常态，我们的那些"一生平安""心想事成"的祝福只能是美好的愿望。古语说"自古纨绔少伟男，从来雄才多磨难"，一个人，如果能够取得非凡的成绩，有着傲人的功勋，一定是因为他曾经在充满曲折和磨难的逆境中坚韧不拔、勇猛精进，甚至破釜沉舟。

小李 15 年前毕业于一所普通的中专，专业是模具设计与制造。刚开始在工厂打工的时候，他就是一个普通的操作工，工资不高，跟他一起去打工的同学都觉得工作辛苦，也没有什么前途，绝大多数都离开了工厂转做其他行业，而他一直没有放弃自己的专业，始终刻苦地钻研技能。就这样，在员工换了一茬又一茬后，他依然坚守岗位，一心一意地干着自己的工作，8 年后，其技能水平已经在工厂中首屈一指。

随着工厂规模的扩大，这家工厂已经成为国内著名的模具制造企业，小李也已经是公司主要股东与董事会成员之一。公司为他配了住房和轿车，还有很多企业开出更高的待遇想聘用他。一个常人眼中很不起眼的中专生，发展到今天，关键就在于他忍受住了当初的平凡和辛苦，坚持了下来。

上帝在对我们关闭一扇门的同时，一定会为我们打开一扇窗户。世界文豪巴尔扎克曾经说过："苦难对于人生是一块垫脚石……对于能干的人是一笔财富，对于弱者是个万丈深渊。"不要埋怨逆境所带来的苦难，这一切都不会因为埋怨而改变，我们所需要做的就是面对现实，调整自己，不管未来如何，努力奋斗才是我们唯一的选择。

黑暗之中，你只需静候黎明的曙光

莎士比亚有这样一句名言："除了通过黑夜的道路，人们无法到达黎明。"黎明之所以能成为黎明，因为在它之前有黑夜。黑暗是我们厌恶和所惧怕的，可是我们只有经历黑暗，才能等到黎明的第一缕阳光。

夏日中的蝉会在树上鸣叫，它们的幼虫却沉睡在泥土当中。在没有阳光、没有声音的混沌当中，它们靠树根的汁液活着，安静地等着……一年，两年，三年……需要几年的时间它们才能蜕去幼虫的外壳，爬上高高的树干，享受阳光的洗礼，高唱生命的赞歌。

悲伤也好，黑暗也罢，总有尽头，我们除了穿越而过或者静候，别无他途。

琳达在一家广告公司做创意文案，工作能力很强，是个不俗的才女。但是，公司里的人际关系比较复杂，一向单纯的琳达不善于左右逢源，始终未能讨得领导的喜欢。她实在受不了被人视为隐形人的感觉，一气之下选择了辞职。

说来也巧，琳达刚刚离开公司不久，那个经常对她颐指气使、反复挑刺儿的领导就被调走了，新上任的领导是过去一直非常欣赏她的人。可惜，事已至此，琳达也不能回头了。她只得在新单位努力工作。只是没多久，她又觉得压抑，受不了公司的氛围，又跳槽到了新公司。

就这样，几年下来，她反复跳槽，在哪儿都待不长。最初与她一同进入职场的那些同事们，大多成了公司里的中流砥柱，有的甚至已经坐到了管理者的位子。每次从别人口中听到她过去的同事取得了什么成就，她就不服气，总觉得是人家命好，自己没有那么好的机遇罢了。

琳达的工作能力很强，专业不俗，从这方面看她是没有问题的。

但是因为比较单纯，甚至可能有些耿直，无法和同事愉快相处，公司领导对她并不看好。如果仅此一次，我们或许可以认为她的领导管理能力一般，可是她跳槽到另一个公司依然觉得压抑，而且几年间，反复跳槽，那么我们就要怀疑她的工作态度和为人处世有问题了。

退一步说，就算她的工作态度和为人处世没有问题，那么我们就说一下机遇的问题，因为琳达一直认为她没有好的机遇。公司里还是有欣赏她的领导存在的，只不过这名领导与她不在同一个地点办公，更不是她的直属上司，如果她自认工作能力突出，又不肯跟其他同事一样圆滑，大可专心致志地加强自己的业务能力和水平，用默默奋斗的状态蛰伏，稍作等待，寻找机会。如果机会一直不来，或者因为一些客观因素无法企及，再做辞职打算也不迟。况且，频繁跳槽不是明智之举。进入一家新公司，在经历、资历都不够的情况下，怎么可能在很短的时间就受到重用呢？

机遇的确是成功路上不可或缺的因素，但如果我们从来没有为机遇准备过什么，那么在机会来临时我们也无法抓住，只能眼睁睁看着自己与机会擦身而过。我们必须懂得等待，在等待的过程中继续努力和积累。机遇总是留给有准备有积累的人。

人生是积累，如长征一般，目的地要很明确，但最重要的是旅程的本身，我们戒骄戒躁，我们静待时机，在不知未来、不明前路的黑夜中，忍耐、磨炼、积累，然后在适当的时机爆发，那时，就是属于我们的黎明，终点迟早会在我们的脚下。在挫败中等待也是一个忍耐的过程，对于我们来说，这是成熟的必经之路，只有将我们的心智磨炼成熟，我们才能走向成功。

　　人生没有永远的黑夜，无须彷徨，无须绝望，黑暗之中，我们只需静候曙光。